普 通 高 等 教 育 “ 十 一 五 ” 规 划 教 材
PUTONG GAODENG JIAOYU SHIYIWU GUIHUA JIAOCAI

Engineering Drawing

GONGCHENG TUXUE XITIJI

工程图学习题集

主　编　白聿钦　侯守明
编　写　莫亚林
主　审　于春艳

中国电力出版社
http://jc.cepp.com.cn

内 容 提 要

本习题集为普通高等教育“十一五”规划教材。

本习题集与《工程图学》教材配套使用，主要内容包括：制图基本知识和技能、投影理论基础、立体的投影、组合体的投影、形体的表达方法、标准件和常用件、零件图和装配图等。

本习题集可作为高等院校机械类和近机类各专业工程图学课程的教材，也可供函授、各类高职高专学校师生及相关工程技术人员使用。

图书在版编目（CIP）数据

工程图学习题集/白聿钦，侯守明主编．—北京：中国电力出版社，2007.8

普通高等教育“十一五”规划教材

ISBN 978-7-5083-5414-9

Ⅰ．工…　Ⅱ．①白…②侯…　Ⅲ．工程制图-高等学校-习题　Ⅳ．TB23-44

中国版本图书馆CIP数据核字（2007）第045499号

普通高等教育“十一五”规划教材　工程图学习题集

中国电力出版社出版、发行

（北京市东城区北京站西街19号　100005　http://jc.cepp.com.cn）

航远印刷有限公司印刷

各地新华书店经售

2007年8月第一版

2011年10月北京第二次印刷

787毫米×1092毫米　横8开　11印张　258千字

定价 17.60 元

前　言

为贯彻落实教育部《关于进一步加强高等学校本科教学工作的若干意见》和《教育部关于以就业为导向深化高等职业教育改革的若干意见》的精神，加强教材建设，确保教材质量，中国电力教育协会组织制订了普通高等教育“十一五”教材规划。该规划强调适应不同层次、不同类型院校，满足学科发展和人才培养的需求，坚持专业基础课教材与教学急需的专业教材并重、新编与修订相结合。本书为新编教材。

为便于组织教学，本习题集的编排次序与教材体系保持一致。同时为适应不同专业和不同学时（54～96 学时）的需要，习题和作业量较多，任课教师可根据学时和专业实际情况选用或适当增删。

由于配套使用的《工程图学》教材将工程制图经典内容和计算机绘图进行了有机的融合，并引入了国产软件 Solid3000 的相关内容，因此本习题集既包含工程制图的基本理论、基本概念和基本方法方面的练习，又加强了使用现代计算机绘图技术解决工程形体的创建、表达方面的训练。在投影理论方面侧重于基本作图的练习，适当降低了立体截交、相贯和综合题的难度，增加了组合体读图以及形体表达方法的习题分量。通过相关章节添加使用 Solid3000 绘制平面草图、创建形体模型并生成工程图的习题，可以加强学生形象思维能力的扩展和创新能力的训练。在重视传统仪器绘图的同时也加大了草图和计算机绘图的内容。

本习题集编排力求符合学习规律，由浅入深、由易到难、循序渐进，逐步提高学生的空间想象力，图样全部采用最新国家标准。

本习题集由河南理工大学白聿钦、侯守明主编，本习题集编写分工如下：白聿钦编写第一章、第三章、第六章、第七章，侯守明编写第二章、第四章、第五章、第八章、第九章，莫亚林编写模拟题。

本习题集由长春工程学院于春艳教授认真审阅，在此表示感谢。

由于编者水平有限，书中不足之处在所难免，恳请读者和同行批评指正。

编者

2006 年 11 月

目　录

第一章 制图基本知识和技能

1-1 字体练习

1234567890 1234567890

制图校核比例件数学院专业班级

透视毫米厘设计描共第张系中级

1234567890 1234567890

左右前后主俯仰侧视投影长宽高

尺寸内外厚薄轴测平立球环顶底

1234567890 1234567890

剖切断面局部旋转放大向视图形

高低分寸重件零装条件投影注明

ABCDEFGHIJKLMNOPQRSTUVWXYZØ

密封环焊铆联结热处理弹簧镀铬

调质渗碳涂料滑板图号校核院系

ABCDEFGHIJKLMNOPQRSTUVWXYZØ

零件钻角紧固技术要求未注均为

钢板铸铁青黄铜铝铅锌中心平行

abcdefghijklmnopqrstuvwxyz

名称序号材料备注装配示意展开

固定紧密松动滑块焊接转轴第张

	专业班级		姓名及学号		审阅		成绩	

1-2 图线、尺寸标注

1. 在指定位置处，画出并补全各种图线和图形。

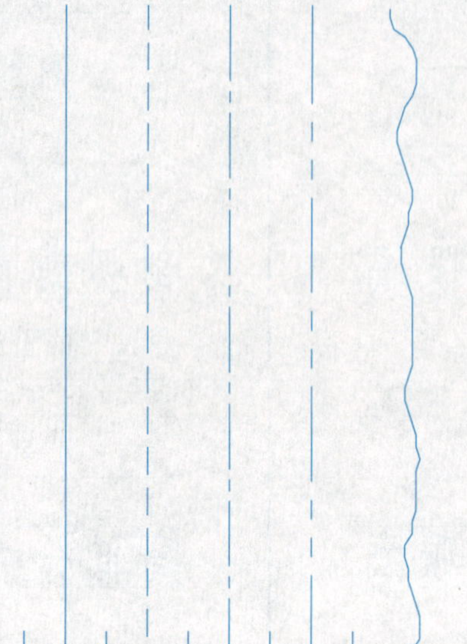

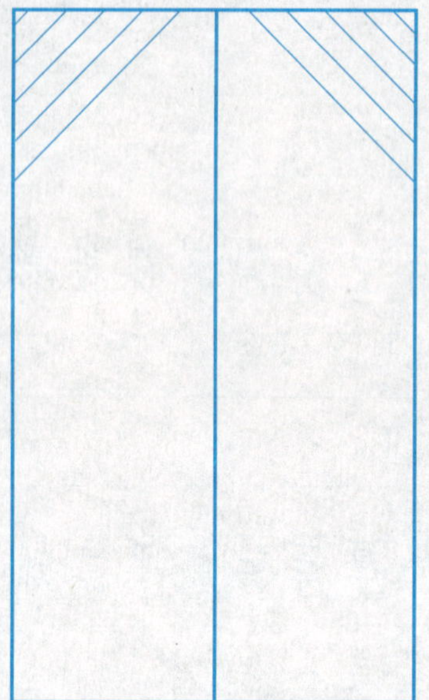

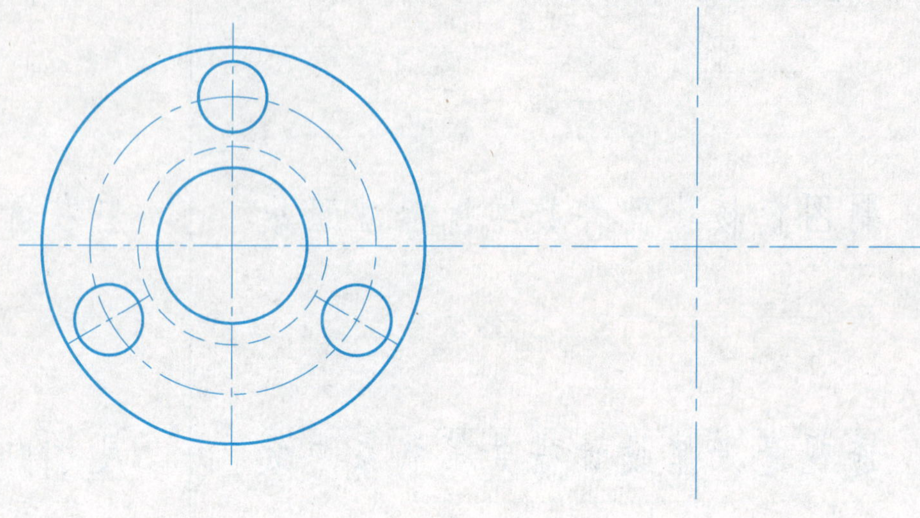

2. 注写尺寸：在给定的尺寸线上画出箭头，并填写尺寸数字或角度数字（数值按1:1从图中量取整数）。

(1)

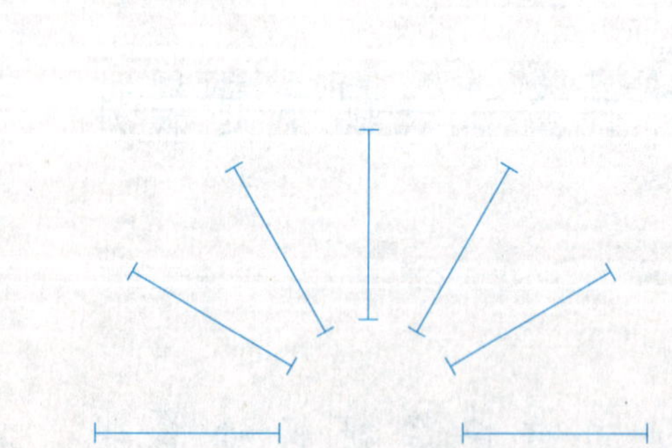

(2)

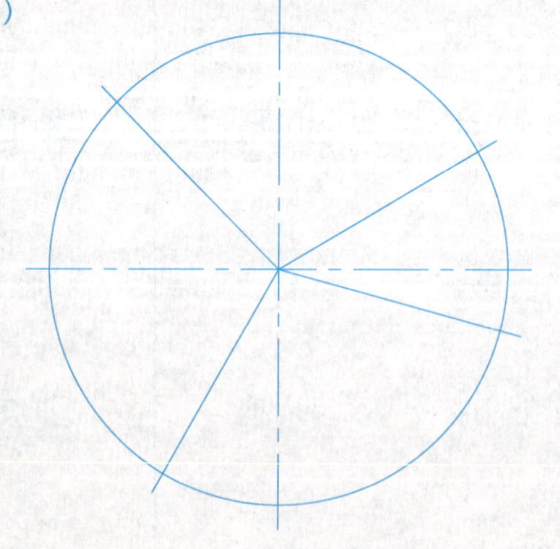

3. 在下列图形中标注箭头及尺寸数值（尺寸从图中直接接量取整数）。

(1)

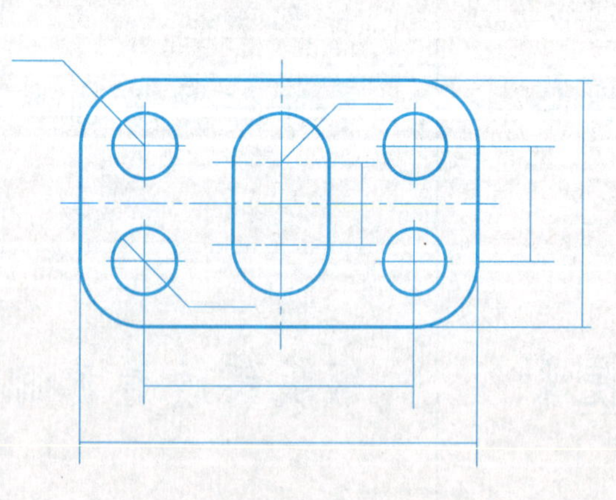

(2)

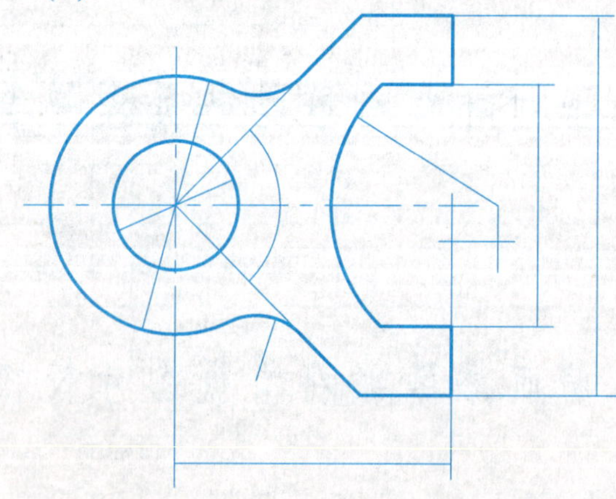

专业班级		姓名及学号		审阅		成绩	

1-3 几何作图及平面图形画法

1. 参照右上角所示图形，用1:2的比例在指定位置处画全图形的轮廓，并标注尺寸。

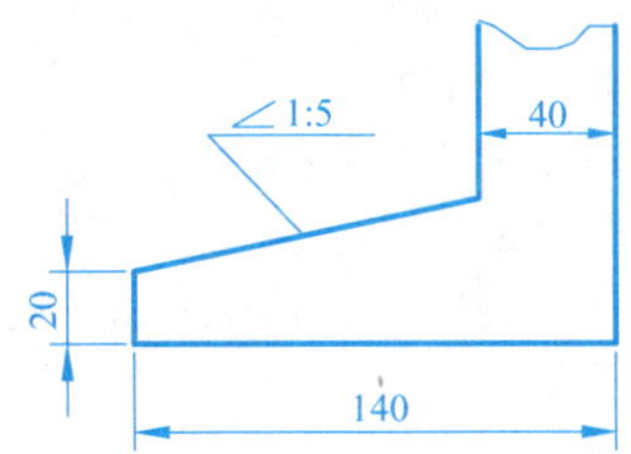

2. 参照下面所示图形，用1:1的比例在指定位置处画全图形的轮廓，并标注尺寸。

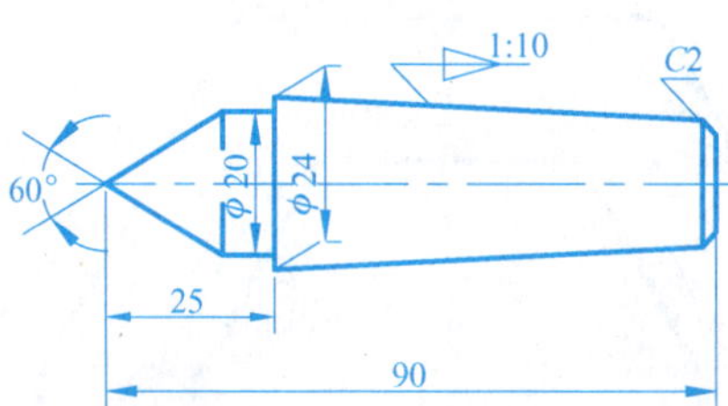

3. 已知椭圆长轴为70mm，短轴为50mm，用四心圆弧法按1:1的比例画出该椭圆。

4. 按下列图形中的尺寸，画全图形的轮廓，不标注尺寸。

(1)

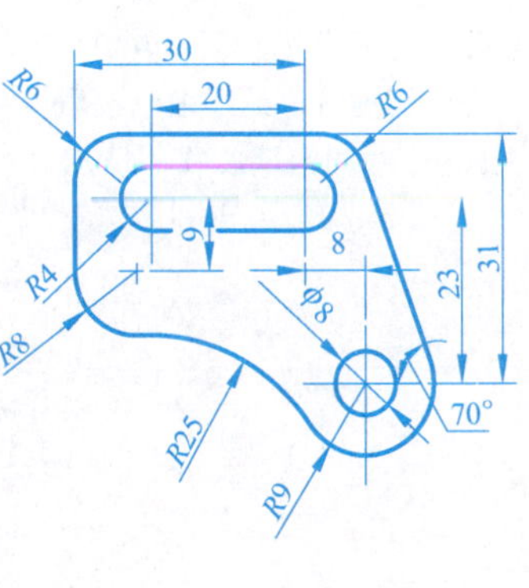

(2)

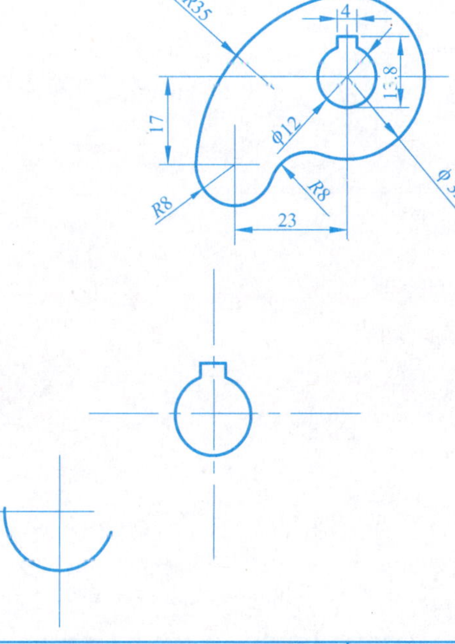

5. 按1:1的比例在指定位置，徒手绘制下列平面图形。

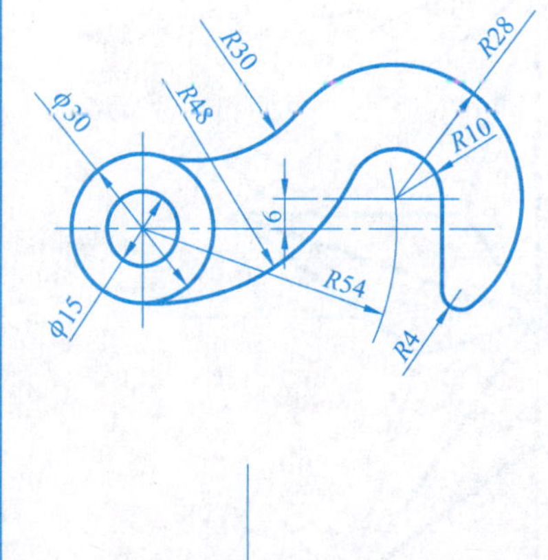

专业班级		姓名及学号		审阅		成绩	

1-4 仪器绘图练习

1.

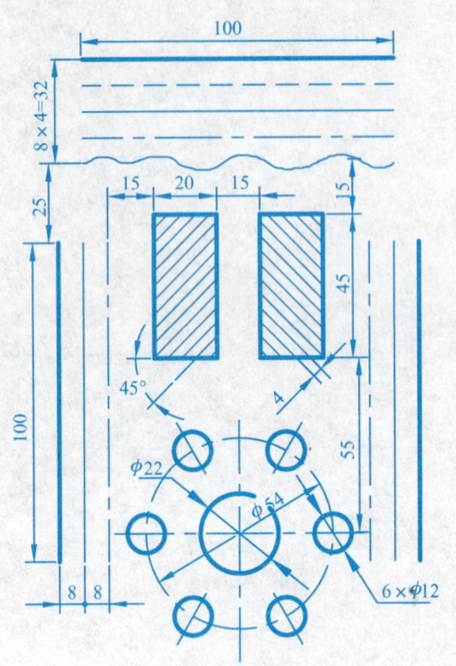

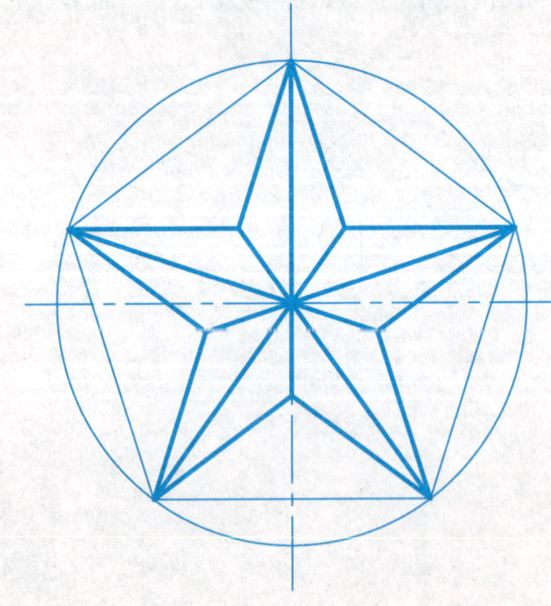

2.

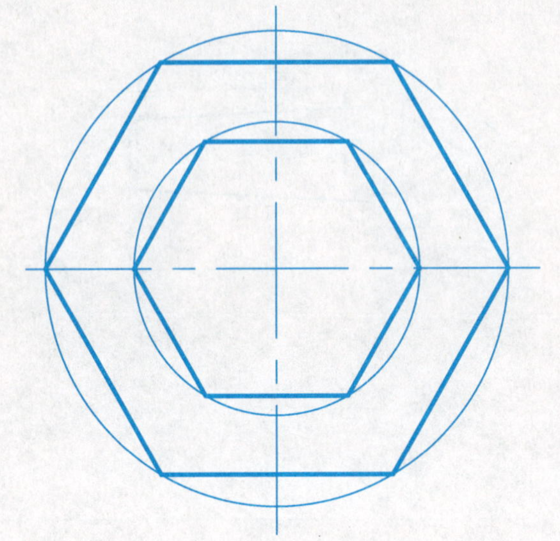

作业指导

一、目的与要求

1. 目的：初步掌握国家标准《技术制图》的有关内容，掌握绘图工具的使用方法。

2. 要求：图形正确，布局合理，线型符合国标，字体工整，连接光滑，图面整洁。

二、作业内容

抄画线型（不注尺寸）。

三、图名、图纸幅面、比例

1. 图名：基本练习

2. 图纸幅面：A3 图纸

3. 比例：1∶1

四、绘图步骤及注意事项

1. 绘图前应对所画图形仔细分析研究，确定正确的作图步骤，特别要注意零件轮廓线上圆弧连接的各切点及圆心位置必须正确，在图面布置时还应考虑预留标注尺寸的位置。

2. 线型：粗实线宽度为 0.7～0.9mm，虚线及细实线宽度为粗实线的 1/2，虚线长度约 4mm，间隙 1mm，点画线长约 15～20mm，间隙及点共约 3mm。

3. 字体：图中的汉字均写成长仿宋体，标题栏内图名及图号为 10 号字，校名为 7 号字，姓名写在“制图”栏内，用 5 号字。

4. 箭头：宽约 0.7～0.9mm，长为宽的 4 倍左右。

5. 完成底稿后，经仔细校核后方可加深，用铅笔加深时，圆规的铅芯应比画直线的铅笔芯软一号。

专业班级		姓名及学号		审阅		成绩	

1-5 平面图形绘制

1.

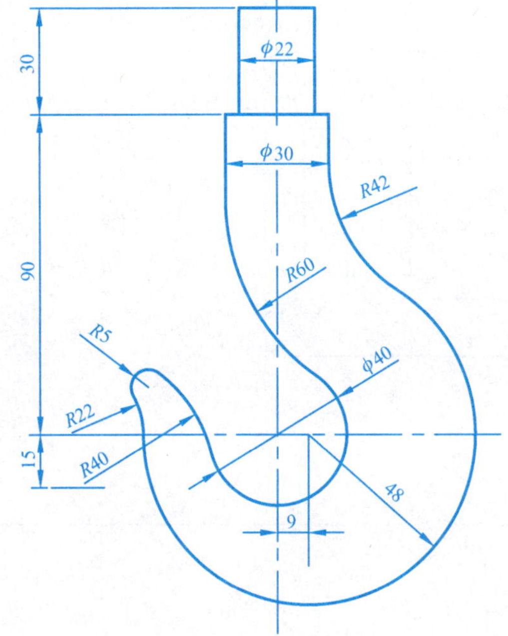

2.

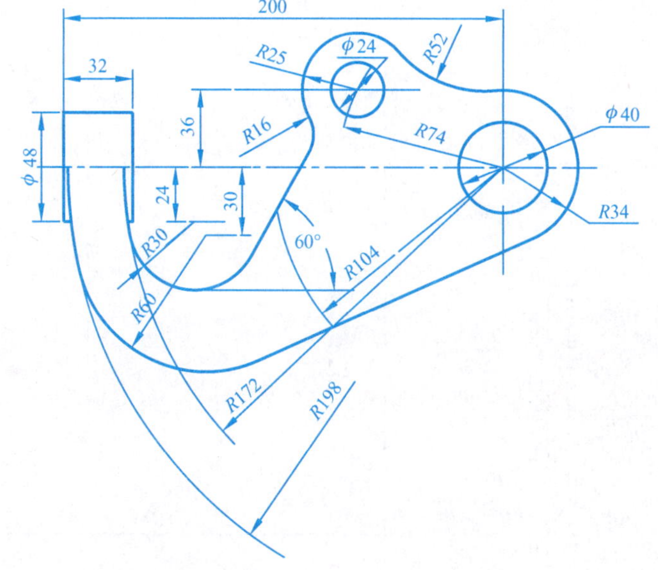

作业指导

一、目的与要求

1. 目的：初步掌握国家标准《技术制图》的有关内容，掌握绘图工具的使用方法。

2. 要求：图形正确，布局适当，线型符合国标，字体工整，连接光滑，图面整洁。

二、作业内容

从零件轮廓中任选一个图形，抄画并标注尺寸。

三、图名、图纸幅面、比例

1. 图名：平面图形

2. 图纸幅面：A3 图纸

3. 比例：1∶1

四、绘图步骤及注意事项

1. 绘图前应对所画图形仔细分析研究，确定正确的作图步骤，特别要注意零件轮廓线上圆弧连接的各切点及圆心位置必须正确，在图面布置时还应考虑预留标注尺寸的位置。

2. 线型：粗实线宽度为 0.7～0.9mm，虚线及细实线宽度为粗实线的 1/2，虚线长度约 4mm，间隙 1mm，点画线长约 15～20mm，间隙及点共约 3mm。

3. 字体：图中的汉字均写成长仿宋体，标题栏内图名及图号为 10 号字，校名为 7 号字，姓名写在“制图”栏内，用 5 号字。

4. 箭头：宽约 0.7～0.9mm，长为宽的 4 倍左右。

5. 完成底稿后，经仔细校核后方可加深，用铅笔加深时，圆规的铅芯应比画直线的铅笔芯软一号。

专业班级		姓名及学号		审阅		成绩	

1-6 用 Solid3000 绘制平面图形

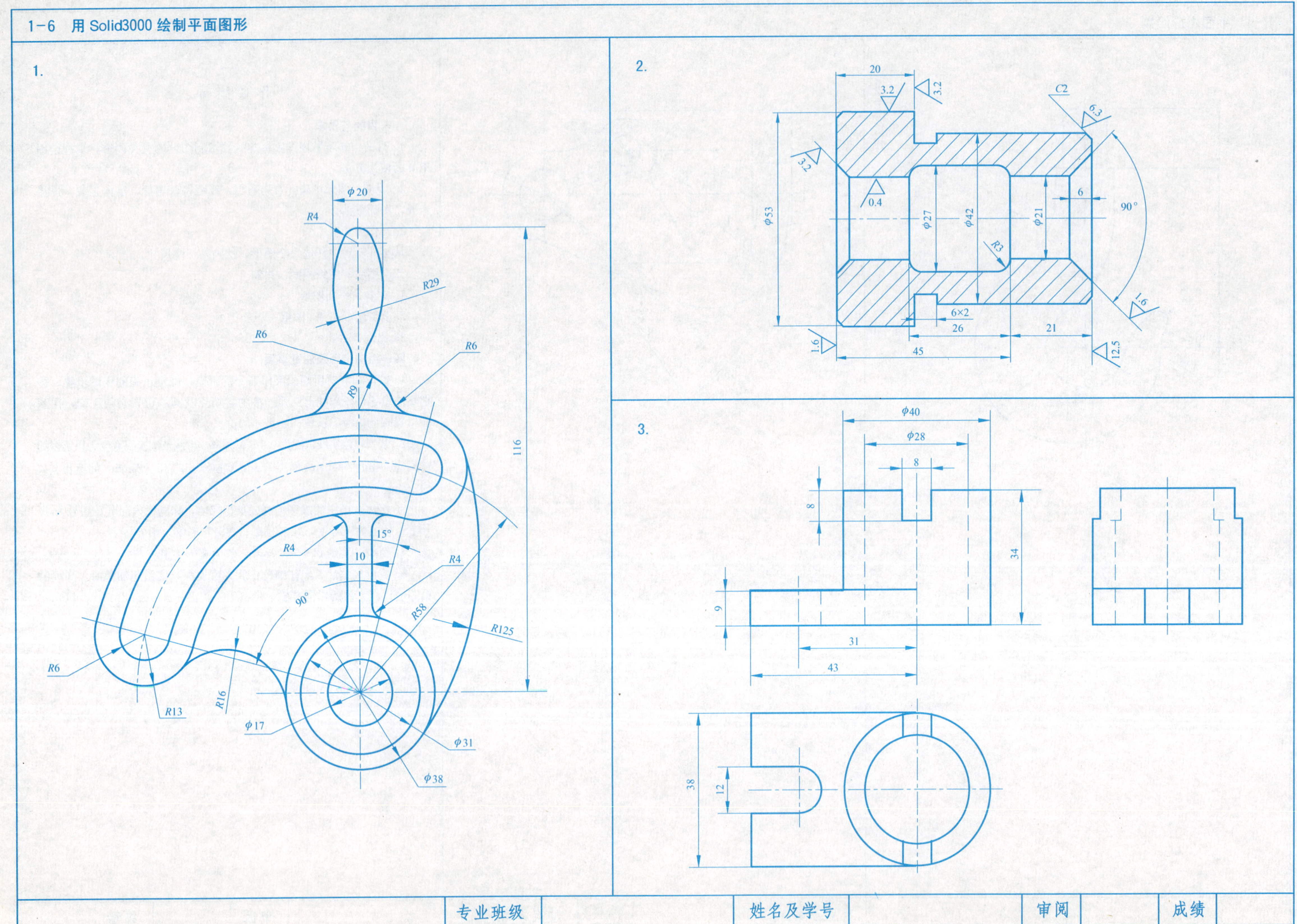

专业班级 | 姓名及学号 | 审阅 | 成绩

第二章 投影理论基础

2-1 点的投影

1. 按照立体图作出A、B两点的三面投影（坐标值从图中量取）。

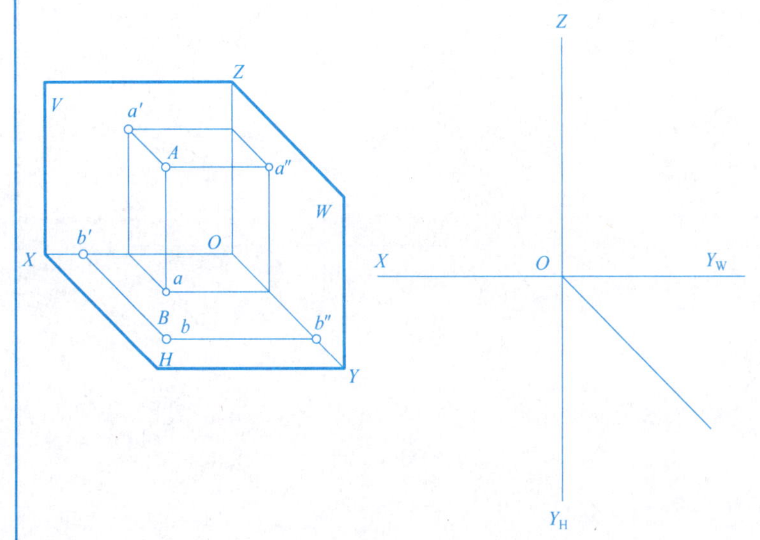

2. 已知两点A（20，15，7）、B（15，18，30），画出其三面投影及立体图。

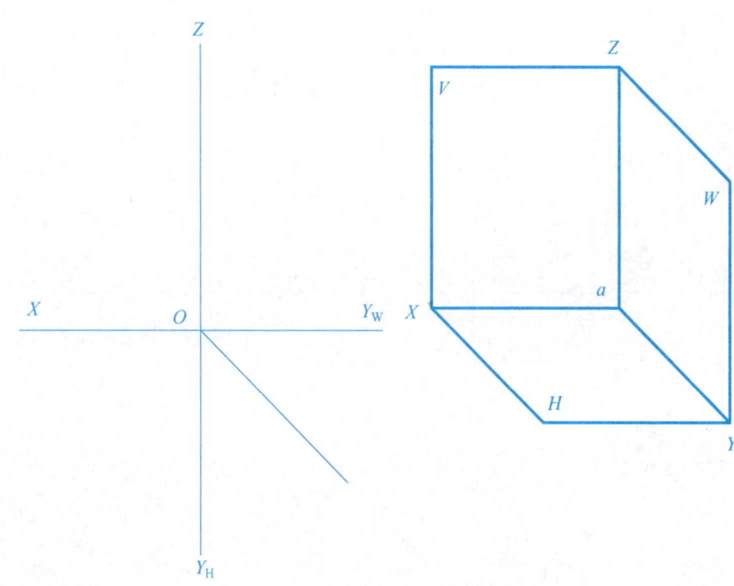

3. 已知各点的两面投影，作出第三面投影。

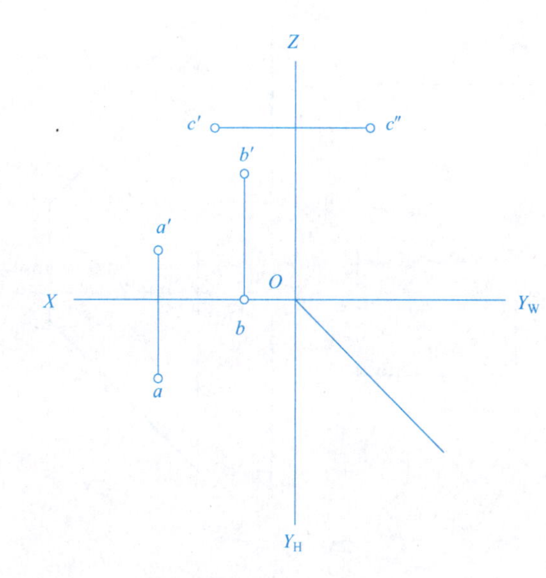

4. 已知各点的两面投影，作出第三面投影。

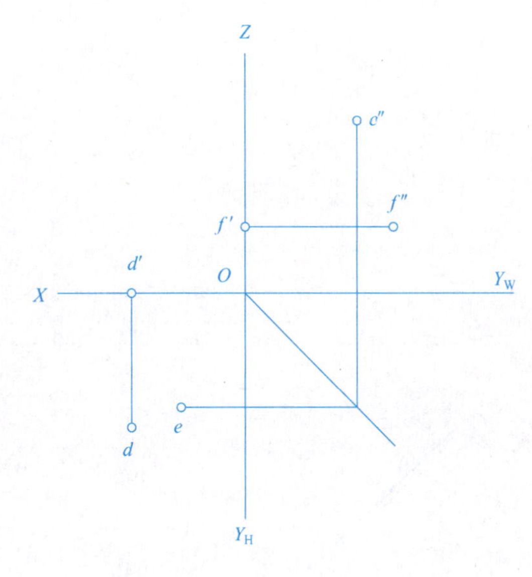

5. 求各点的第三面投影，并比较其相对位置。

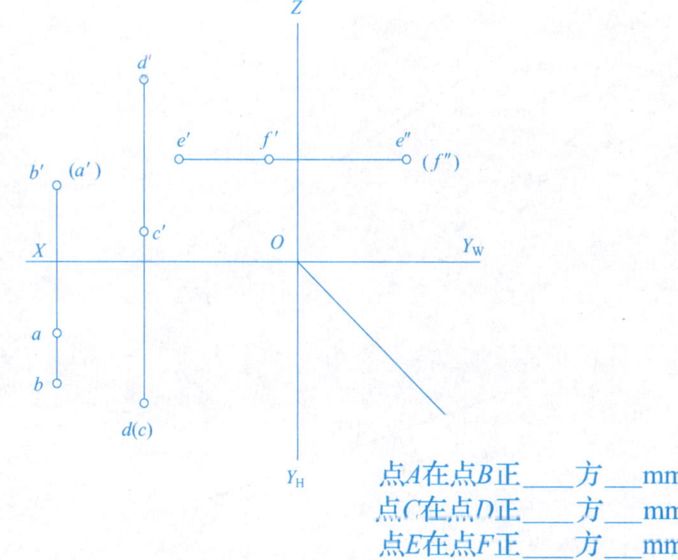

点A在点B正____方___mm

点C在点D正____方___mm

点E在点F正____方___mm

6. 根据点的相对位置作出两点B、C的投影，并判别重影点的可见性。

(1)点B在点A之左20mm、之前10mm、之下15mm。

(2)点C在点A的正右方12mm。

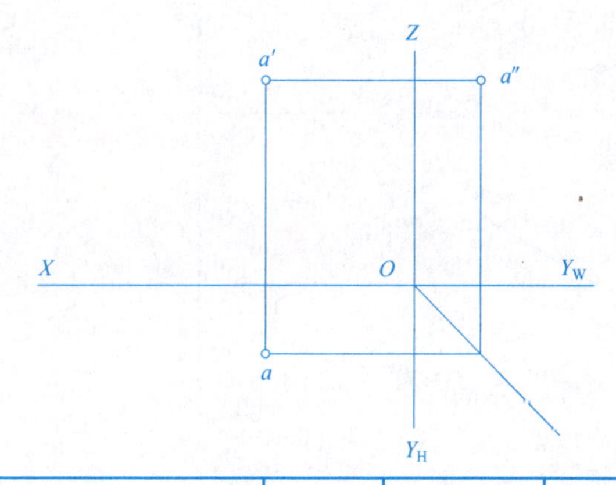

	专业班级		姓名及学号		审阅		成绩	

2-2 直线的投影(一)

1. 判断下列直线对投影面的相对位置。

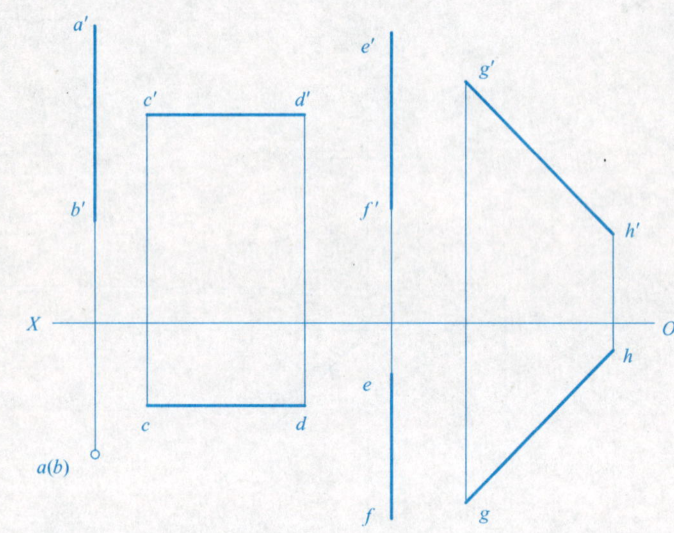

*AB*是________线 *EF*是 ________线

*CD*是________线 *GH*是________线

2. 作出下列直线的三面投影。

a)正平线*AB*，点*B*在点*A*之右上方，γ=30°，*AB*=20mm。

b)正垂线*CD*，点*D*在点*C*之后， *CD*=18mm。

c)一般位置直线*EF*，点*F*距*V*面20mm。

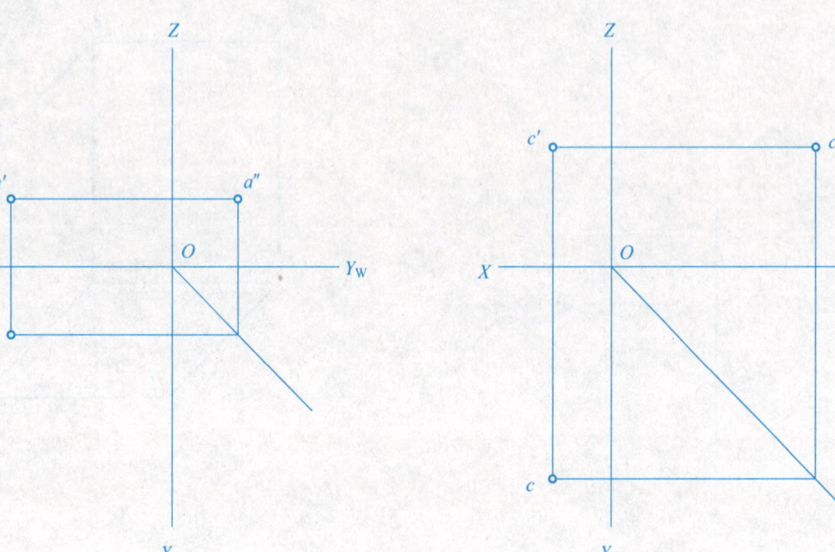

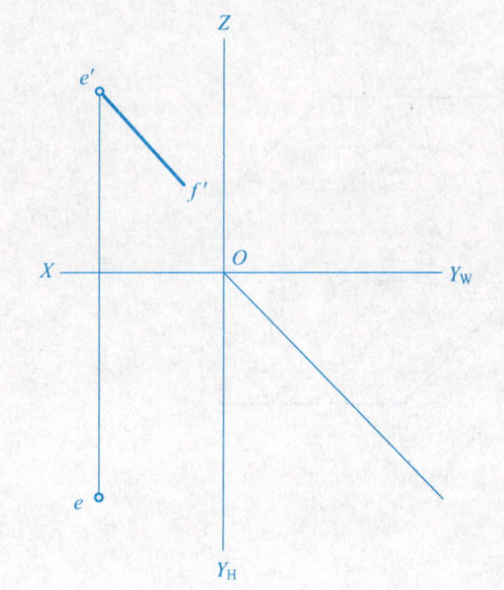

3. 在直线*AB*上取一点*K*，使*AK*:*KB*=3:2；在直线*CD*上取一点*E*使*CE*:*ED*=2:1。

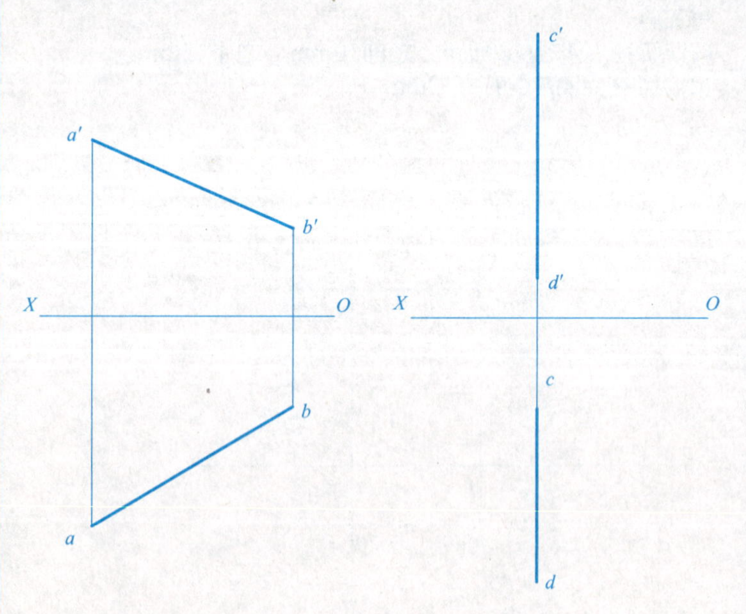

4. 用直角三角形法求直线*AB*的实长及其对*H*面、*V*面的倾角。

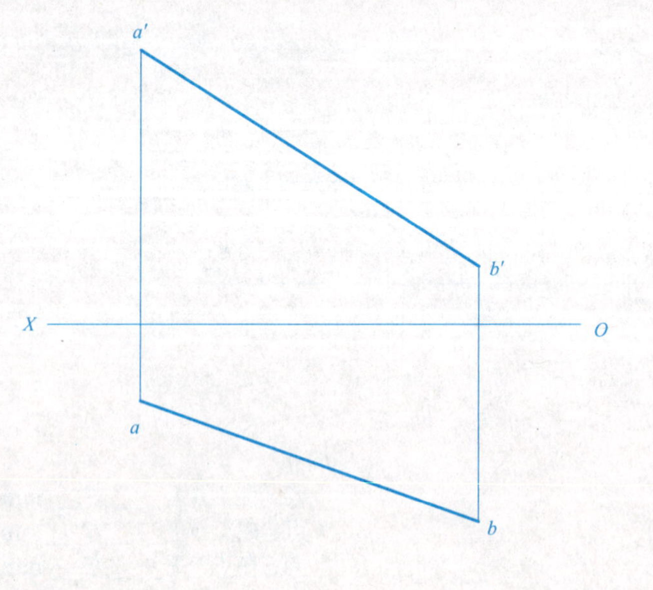

5. 已知直线*AB*的投影*ab*及*a'*，与*V*面倾角等于30°，画出其正面投影*a' b'*。

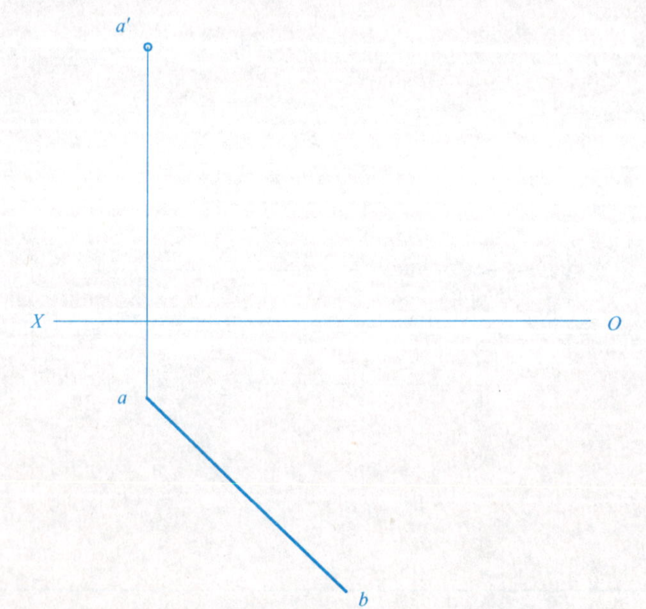

专业班级		姓名及学号		审阅		成绩	

2-3 直线的投影(二)

1.判断两直线的相对位置。

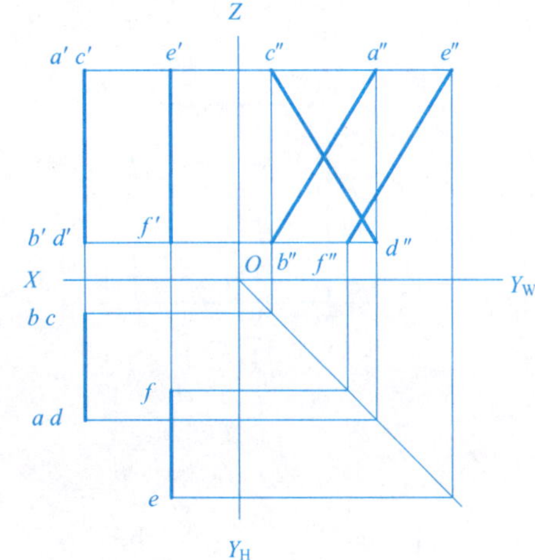

AB、CD是________线；AB、EF是________线；

CD、EF是________线。

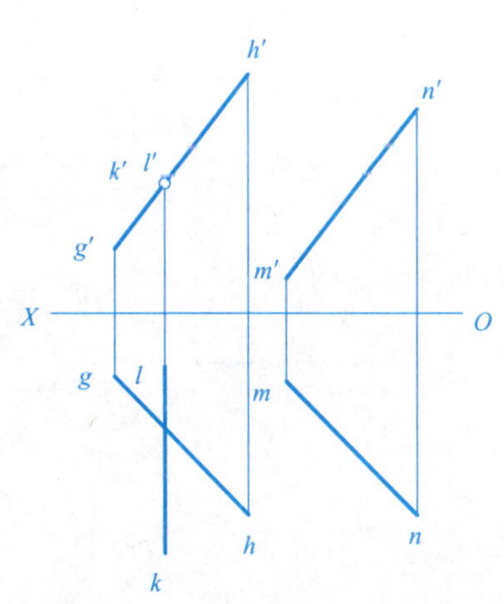

GH、KL是________线；GH、MN是________线；

KL、MN是________线。

2. 在直线AB、CD上作对正面投影的重影点E、F和对侧面投影的重影点M、N的三面投影，并表明可见性。

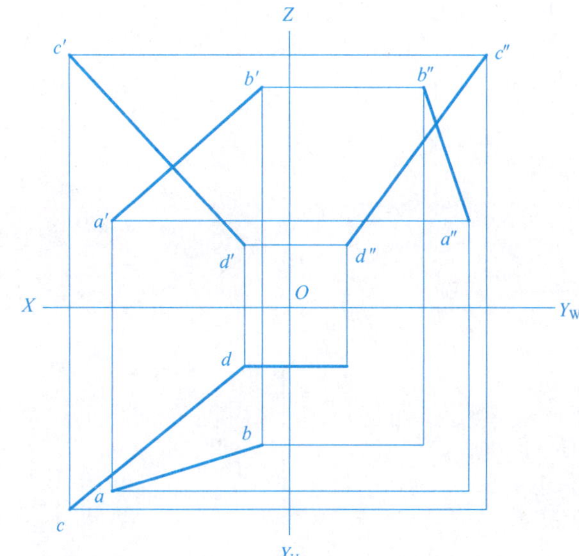

3. 作一正平线MN，使其与已知直线AB、CD和EF均相交。

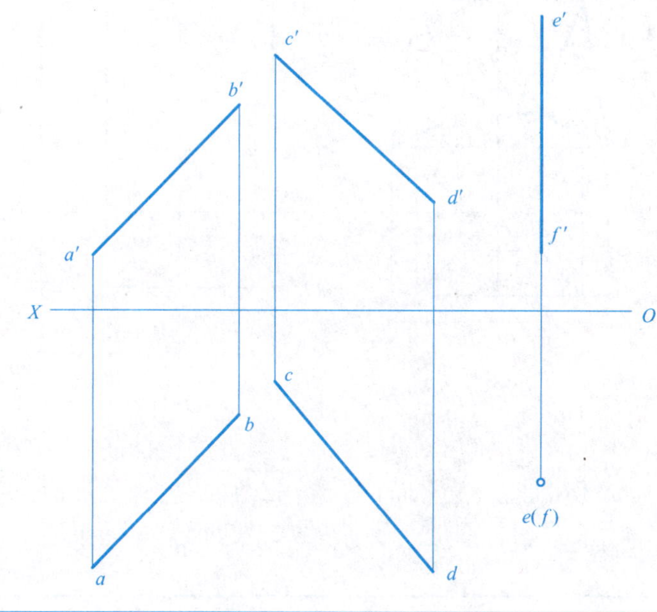

4. 过点K作一直线KL与正平线CD垂直相交。

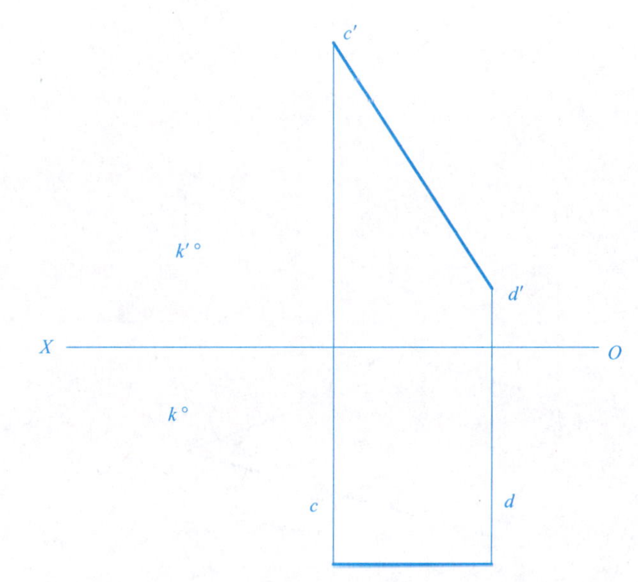

5. 作交叉直线AB、CD的公垂线EF，分别与AB、CD交于E、F，并标明AB、CD间的真实距离。

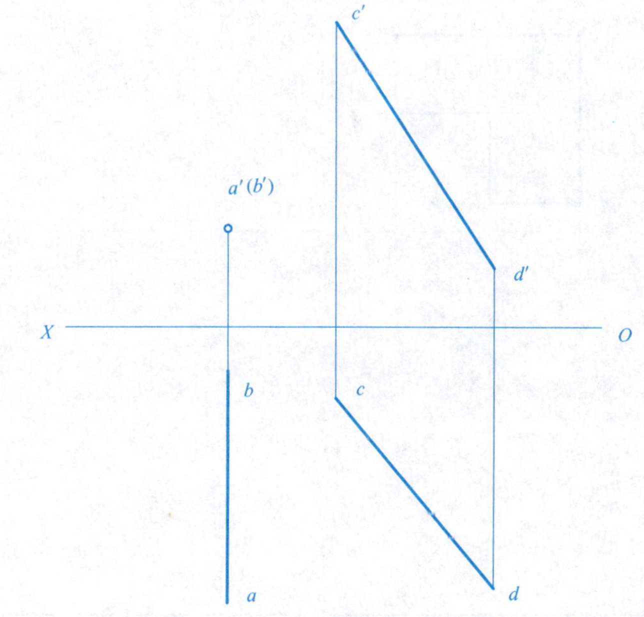

专业班级		姓名及学号		审阅		成绩	

2-4 平面的投影

1. 判别并指出平面的空间位置。

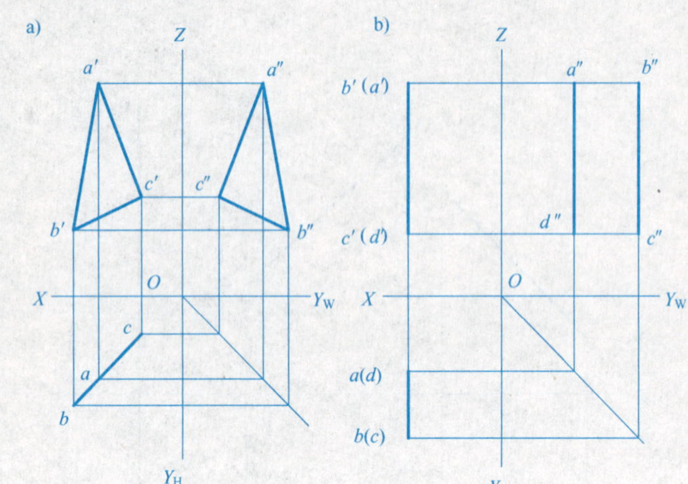

c)

a)	b)	c)
△ABC是＿＿＿＿面，	△ABC是＿＿＿＿面，	△ABC是＿＿＿＿面，
α=　，β=　，γ=	α=　，β=　，γ=	α=　，β=　，γ=

2. 完成下列各平面的投影。

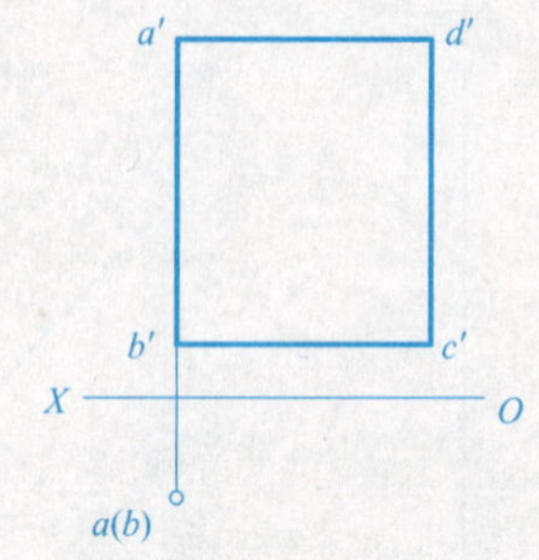

(a)矩形$ABCD \perp H$面，β=45°。

(b)矩形$ABCD \perp W$面，$\alpha=\beta$=45°。

3. 补全平面图形及该平面上点K的投影。

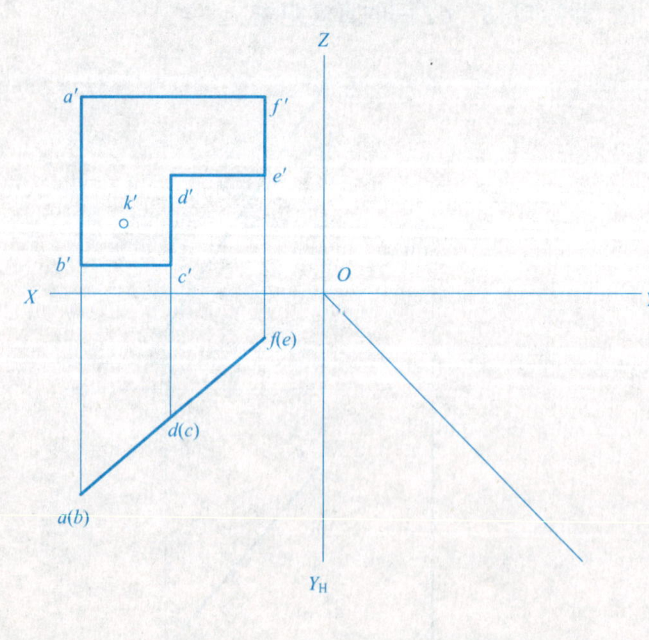

4. 完成平面图形$ABCD$的正面投影。

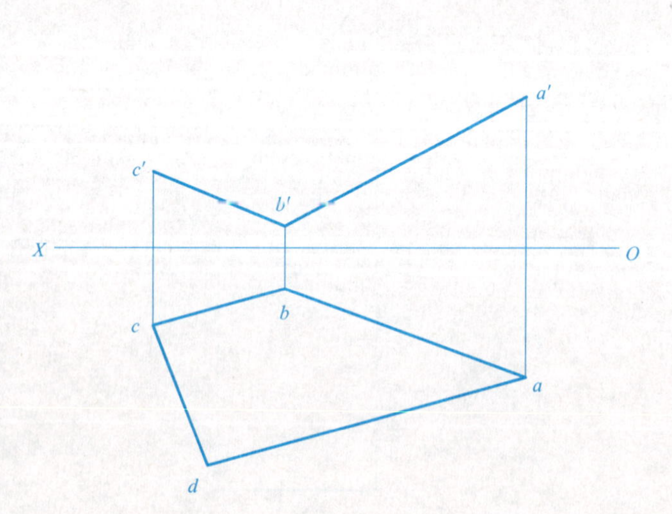

5. 试完成等腰直角三角形ABC的两面投影。已知AC为斜边，顶点B在直线NC上。

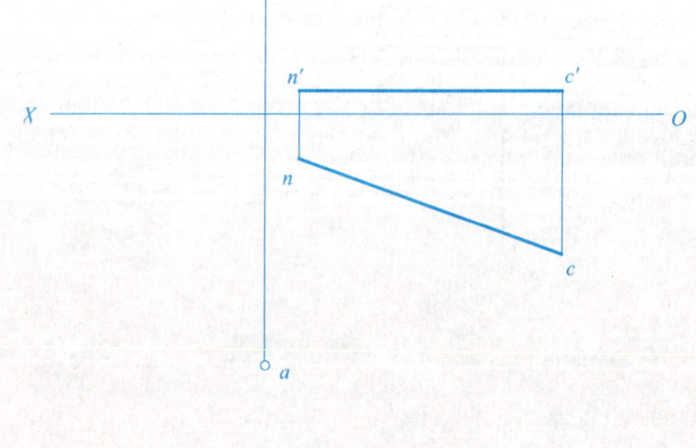

	专业班级		姓名及学号		审阅		成绩	

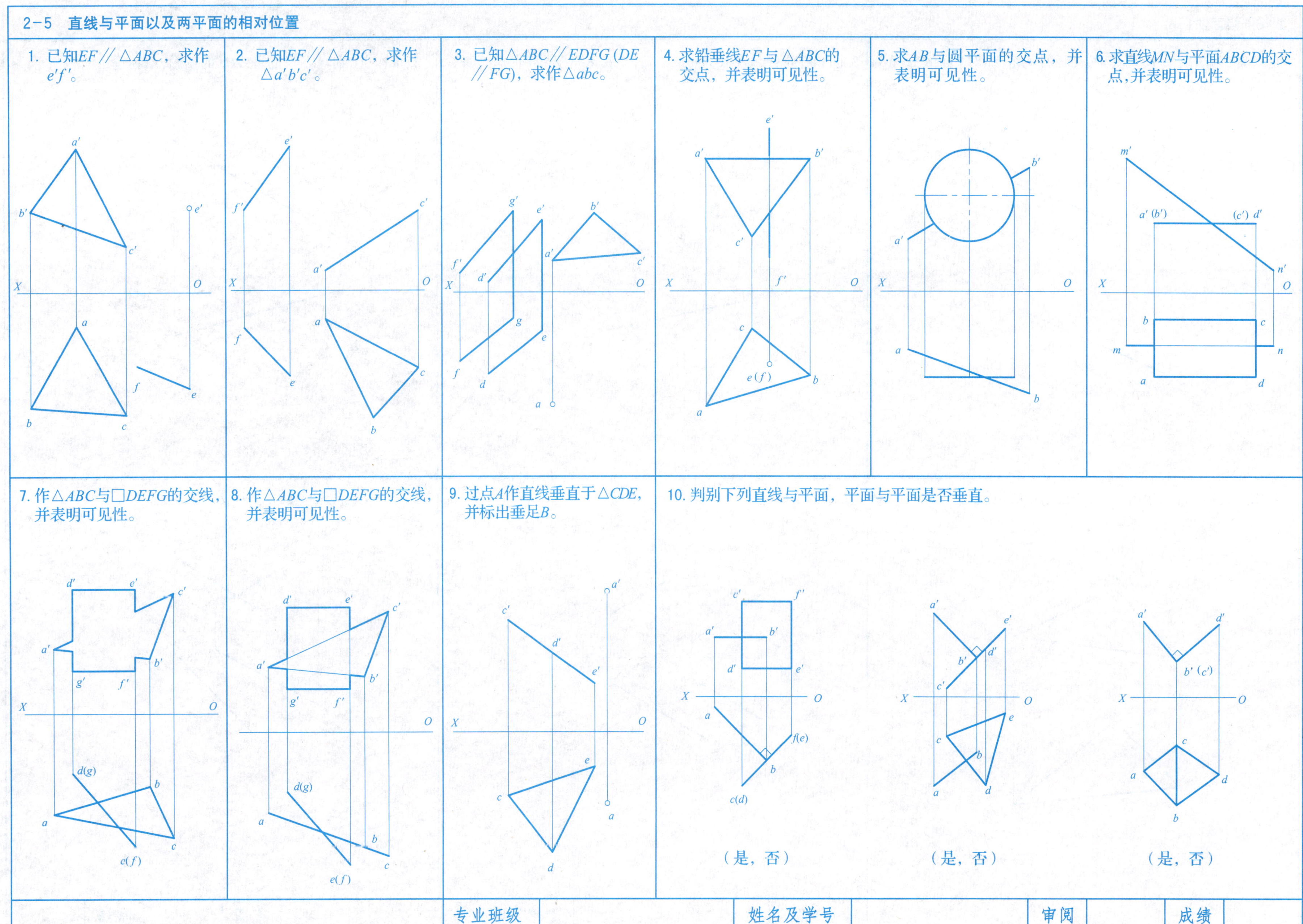
2-5 直线与平面以及两平面的相对位置
1. 已知EF∥△ABC，求作e′f′。
2. 已知EF∥△ABC，求作△a′b′c′。
3. 已知△ABC∥EDFG（DE∥FG），求作△abc。
4. 求铅垂线EF与△ABC的交点，并表明可见性。
5. 求AB与圆平面的交点，并表明可见性。
6. 求直线MN与平面ABCD的交点，并表明可见性。
7. 作△ABC与□DEFG的交线，并表明可见性。
8. 作△ABC与□DEFG的交线，并表明可见性。
9. 过点A作直线垂直于△CDE，并标出垂足B。
10. 判别下列直线与平面，平面与平面是否垂直。
（是，否）
（是，否）
（是，否）
专业班级
姓名及学号
审阅
成绩

2-6 换面法(一)

1. 求直线AB的实长及其对H面的倾角α和对V面的倾角β。

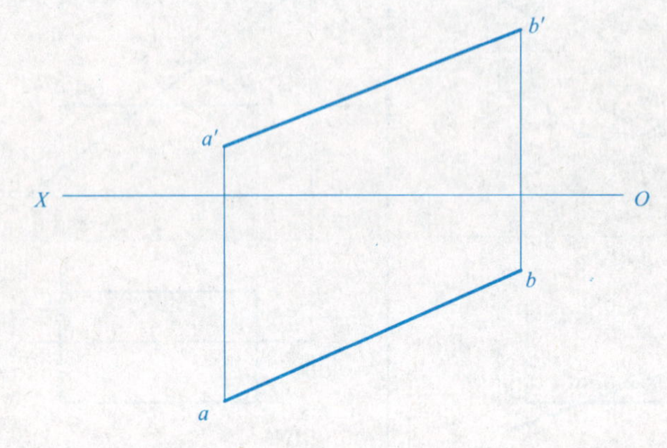

2. 已知直线AB的实长为45mm，补全其正面投影（可作一解）。

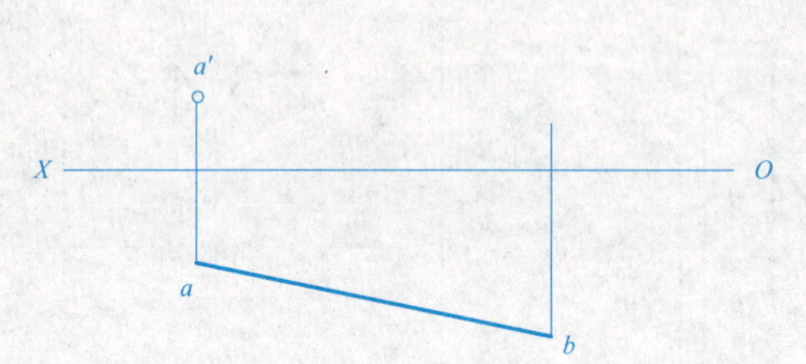

3. 求作点C到直线AB的垂线CK的投影，K为垂足。

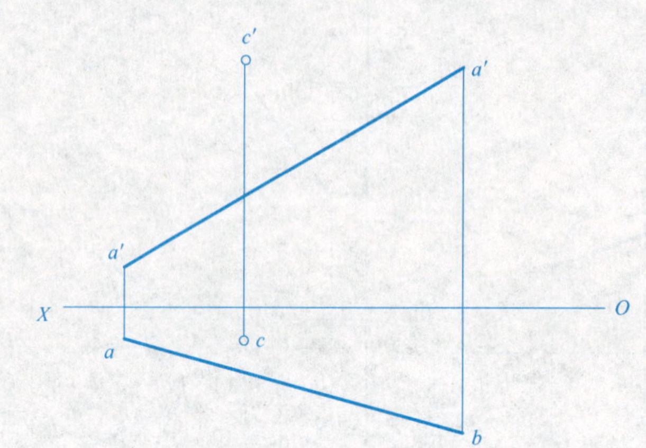

4. 求点A到$\triangle BCD$的距离，并作出垂足K的投影。

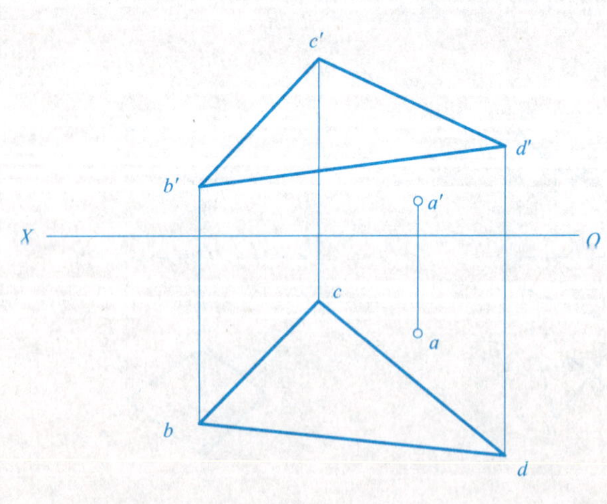

5. 求两平行直线AB、CD之间的距离。

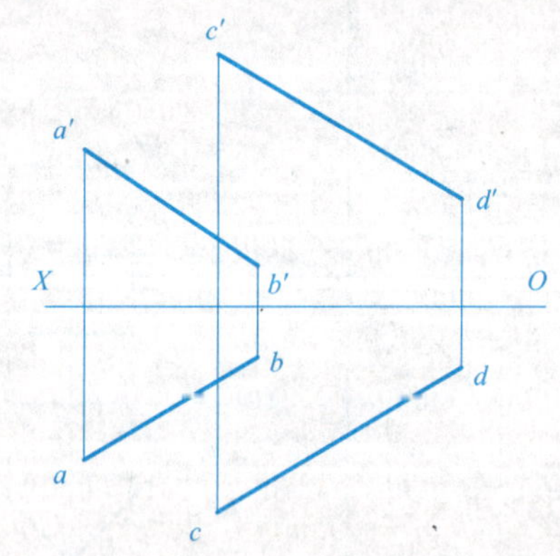

6. 求交叉直线AB与CD的距离EF及其投影。

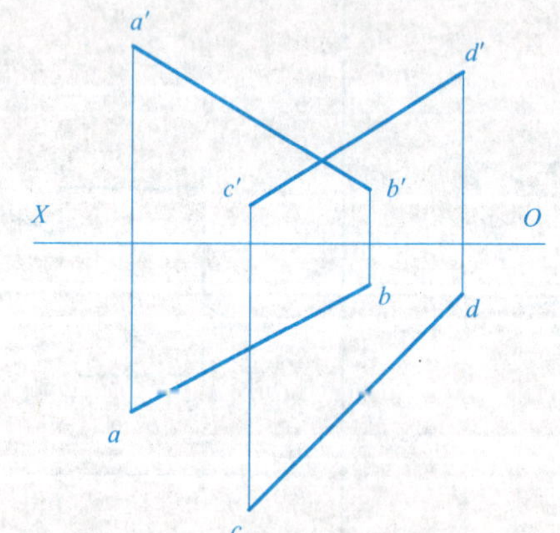

	专业班级		姓名及学号		审阅		成绩	

2-7 换面法(二)

1. 已知K到AB直线的距离为15mm，求k'。

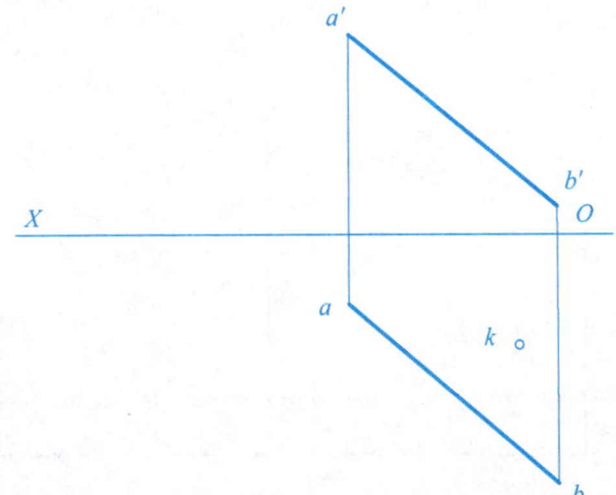

2. 用换面法补全以AB为底边的等腰△ABC的投影。

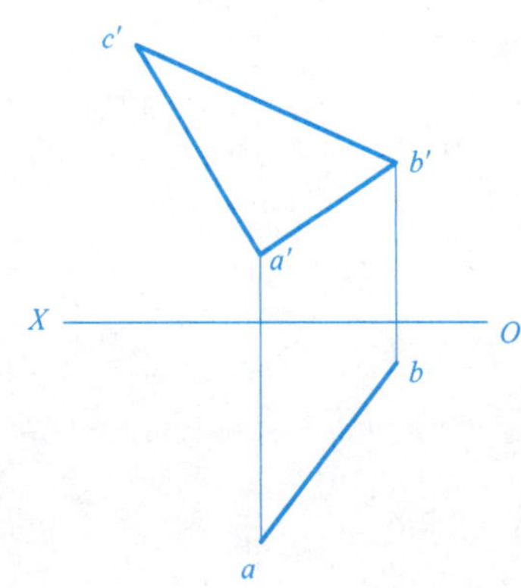

3. 已知正方形的一边AB为水平线，该平面对H面的倾角$\alpha_1 = 30°$，作出该正方形的投影。

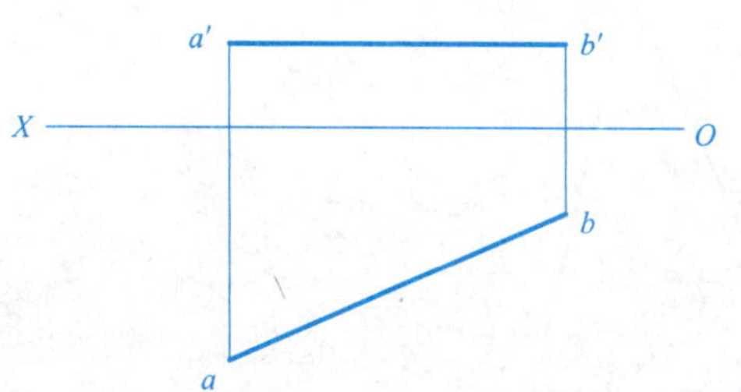

4. 已知CD为△ABC平面内的正平线，△ABC对V面的倾角$\beta 1 = 30°$，作出△$a'b'c'$。

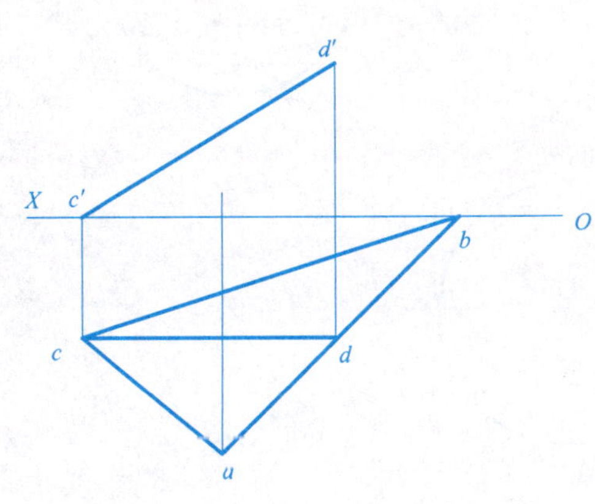

5. 在直线AB上取一点E，使它与C、D两点等距。

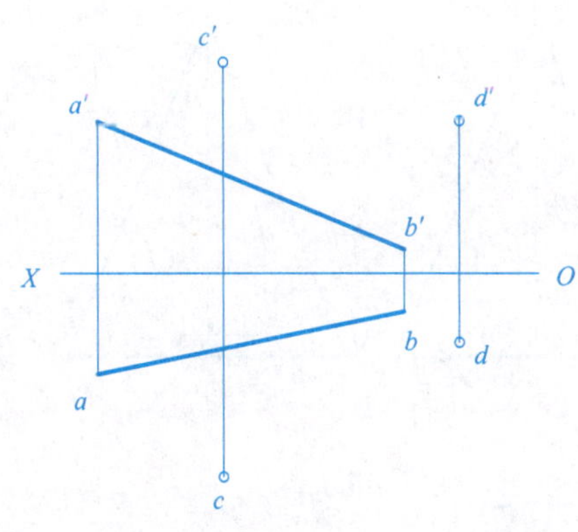

6. 已知圆心O的投影o，o'，圆的半径为15mm，圆所在平面为正垂面且与H面的夹角为45°，求圆的水平投影。

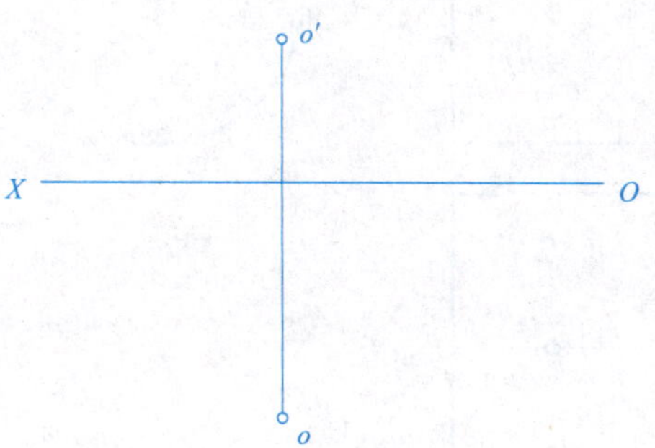

	专业班级		姓名及学号		审阅		成绩	

第三章　立 体 及 其 投 影

3-1　平面立体及其表面取点

已知立体表面上各点的一个投影，求另外两投影。

1.

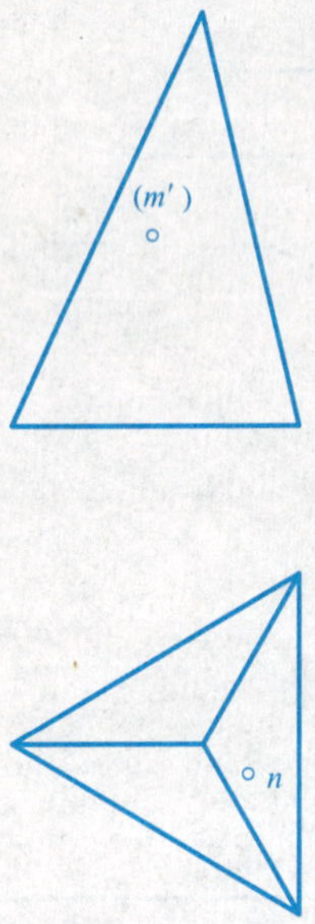

(m′)

n

2.

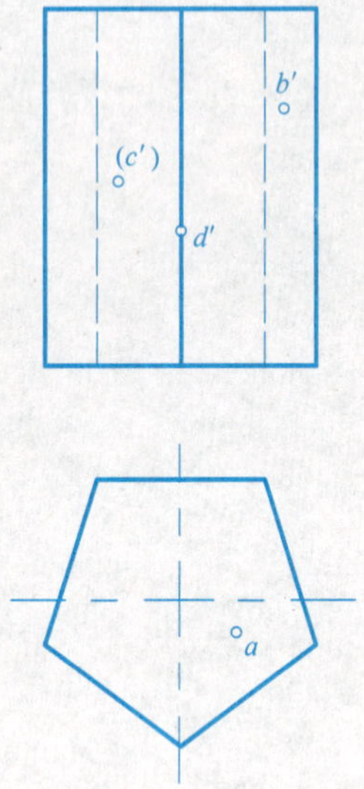

b′

(c′)

d′

a

3.

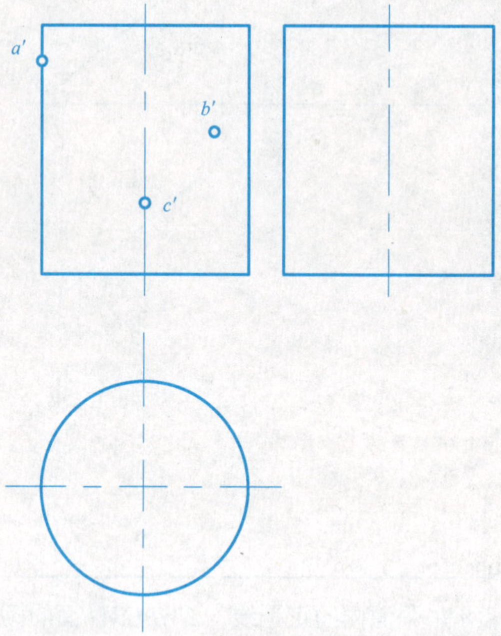

a′

b′

c′

4.

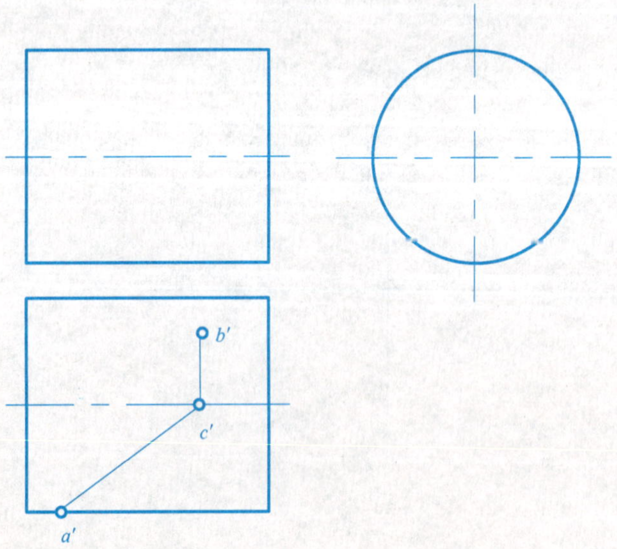

b′

c′

a′

5.

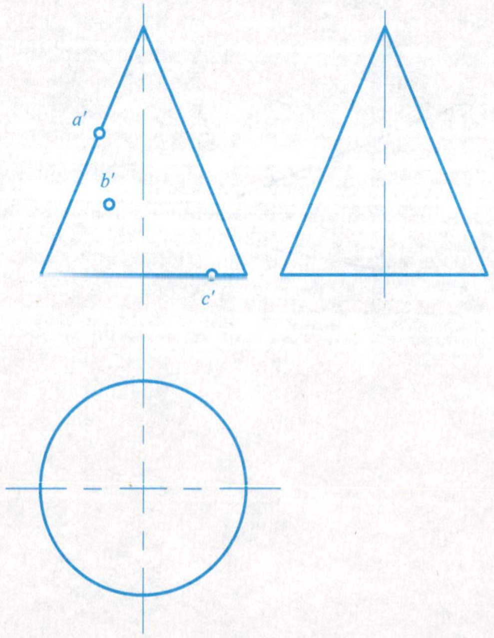

a′

b′

c′

6.

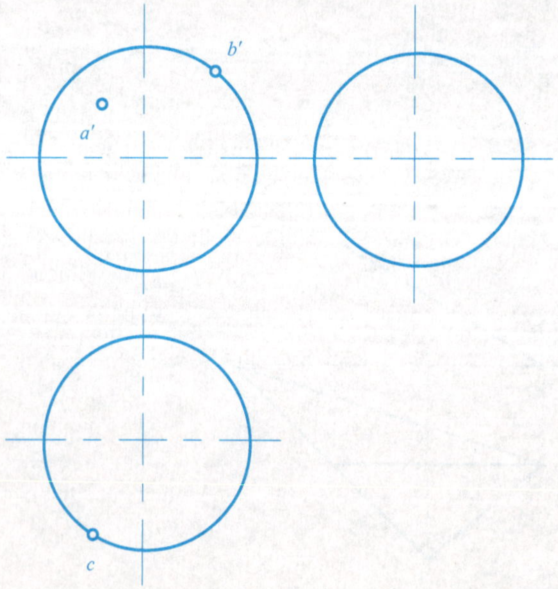

b′

a′

c

专业班级		姓名及学号		审阅		成绩	

3-2 平面立体截交线

分析平面立体的截交线，补全第三投影。

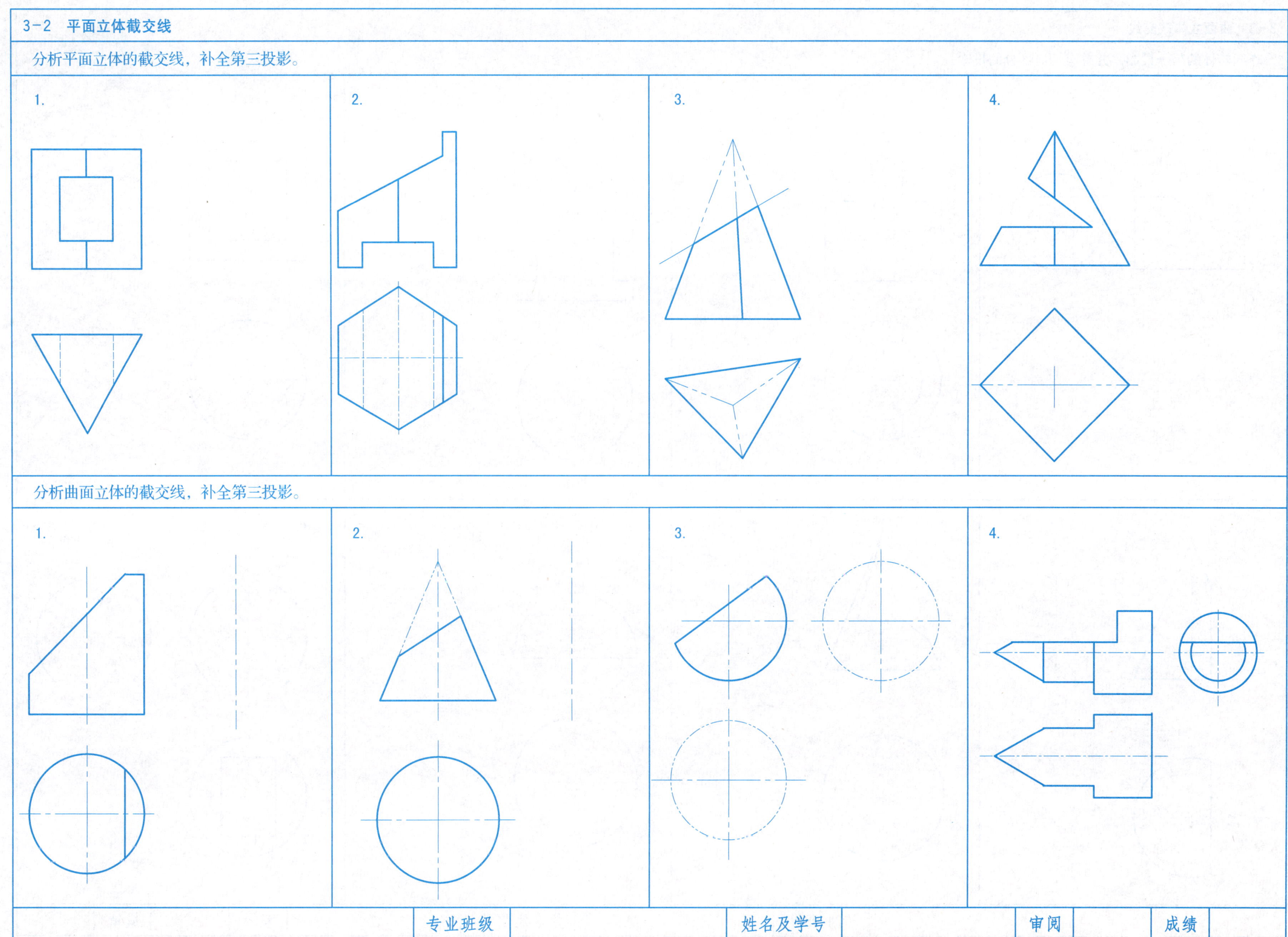

分析曲面立体的截交线，补全第三投影。

专业班级		姓名及学号		审阅		成绩	

3-3 曲面立体截交线

作回转体的另一投影，并补全切口部分的投影

1.

2.

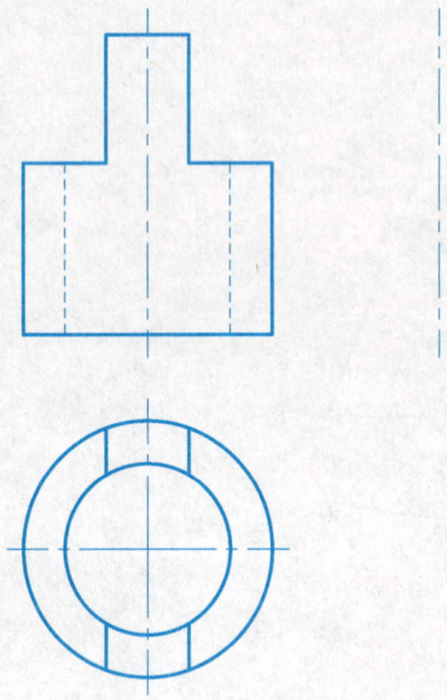

3.

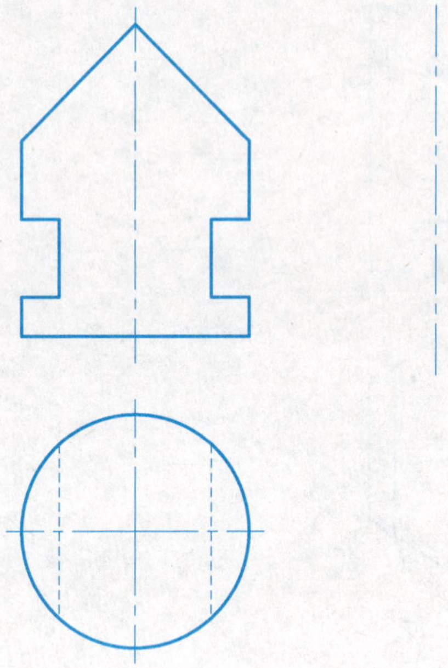

4.

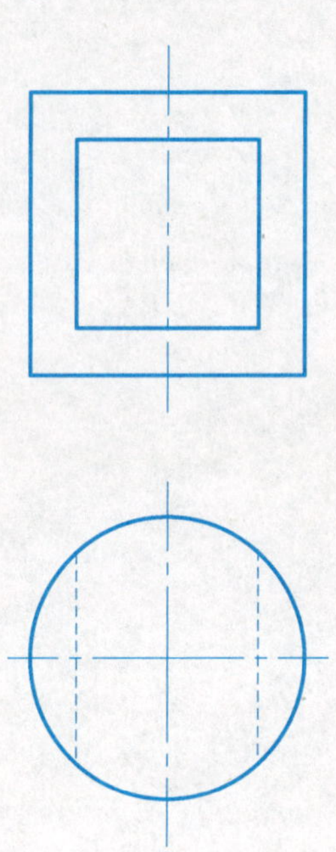

5.

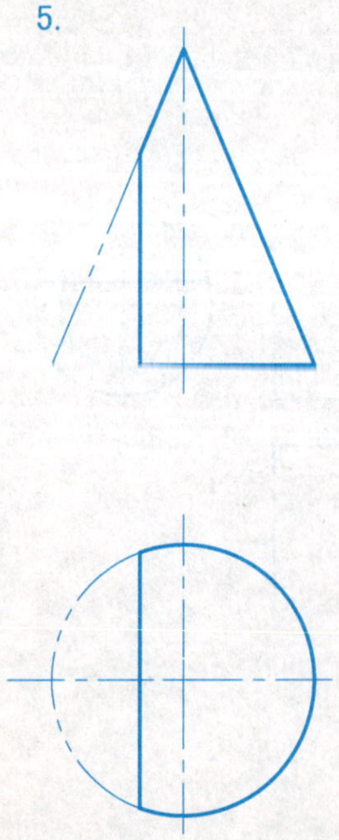

6.

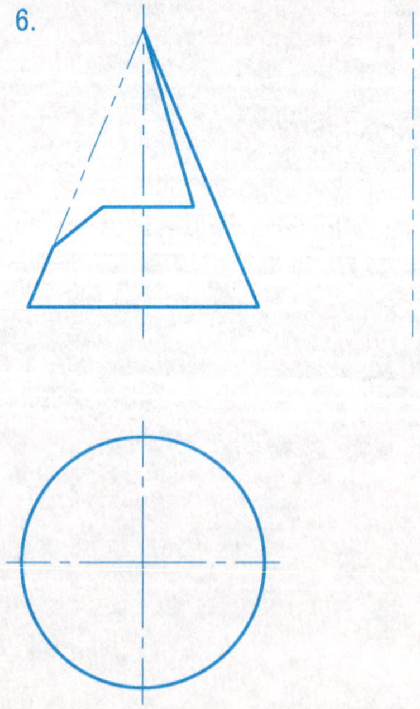

7.

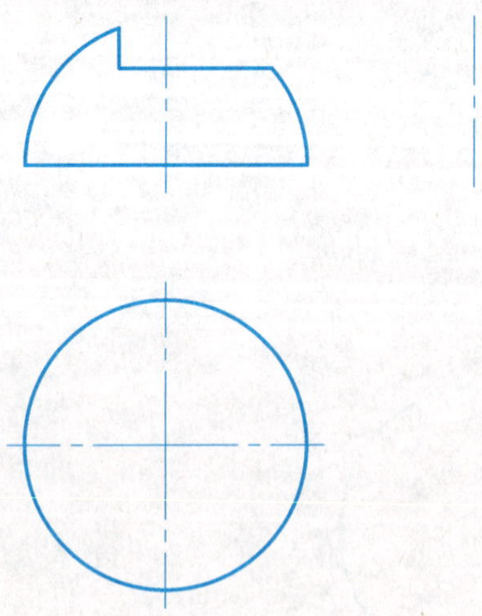

8.

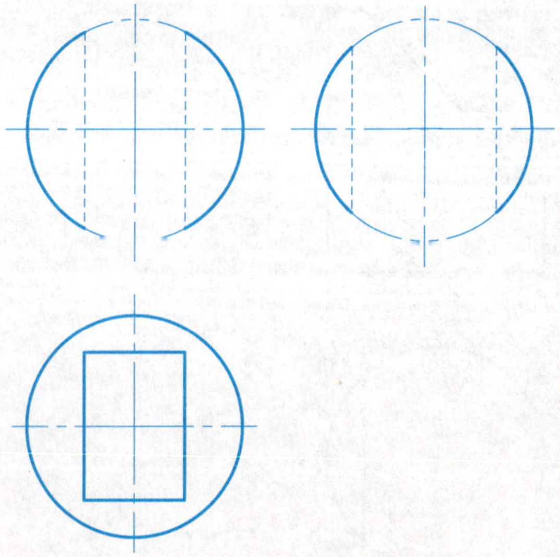

专业班级		姓名及学号		审阅		成绩	

3-4 相贯线作图(一)

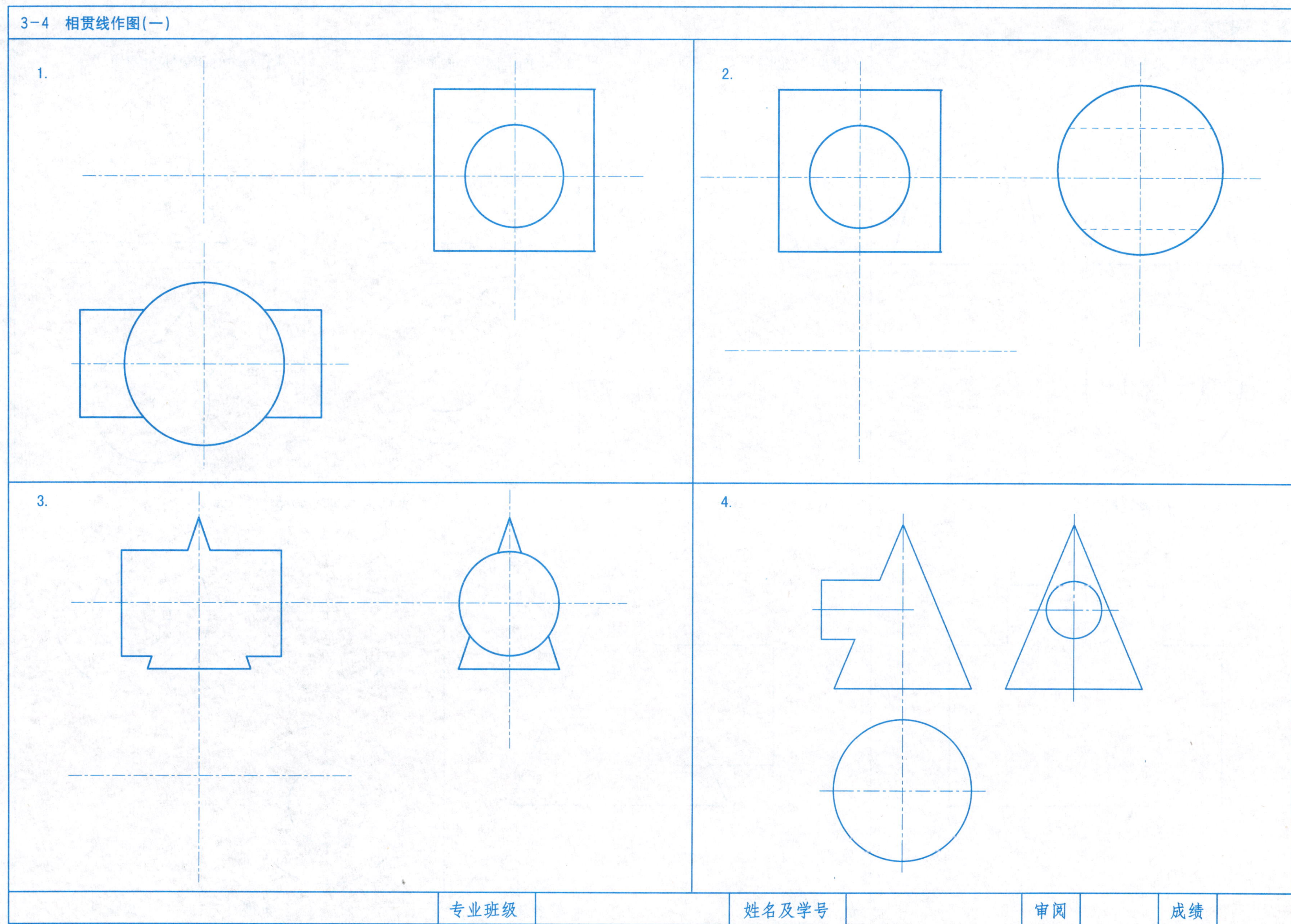

3-5 相贯线作图(二)

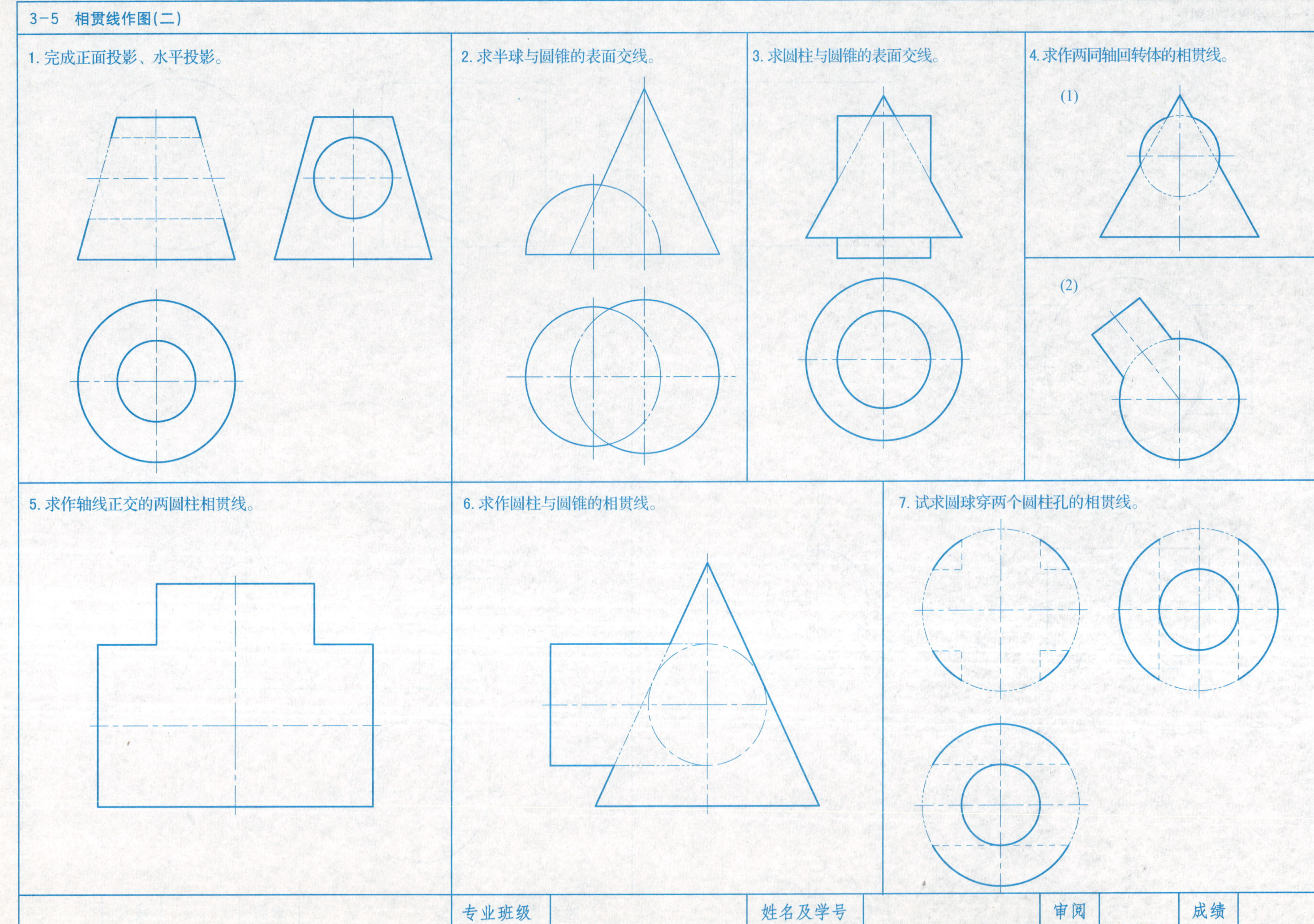
1. 完成正面投影、水平投影。
2. 求半球与圆锥的表面交线。
3. 求圆柱与圆锥的表面交线。
4. 求作两同轴回转体的相贯线。
(1)
(2)
5. 求作轴线正交的两圆柱相贯线。
6. 求作圆柱与圆锥的相贯线。
7. 试求圆球穿两个圆柱孔的相贯线。
专业班级
姓名及学号
审阅
成绩

3-6 用 Solid3000 构建相贯体及投影

求作下列物体相贯线的投影，并利用Solid3000创建相贯体及投影。

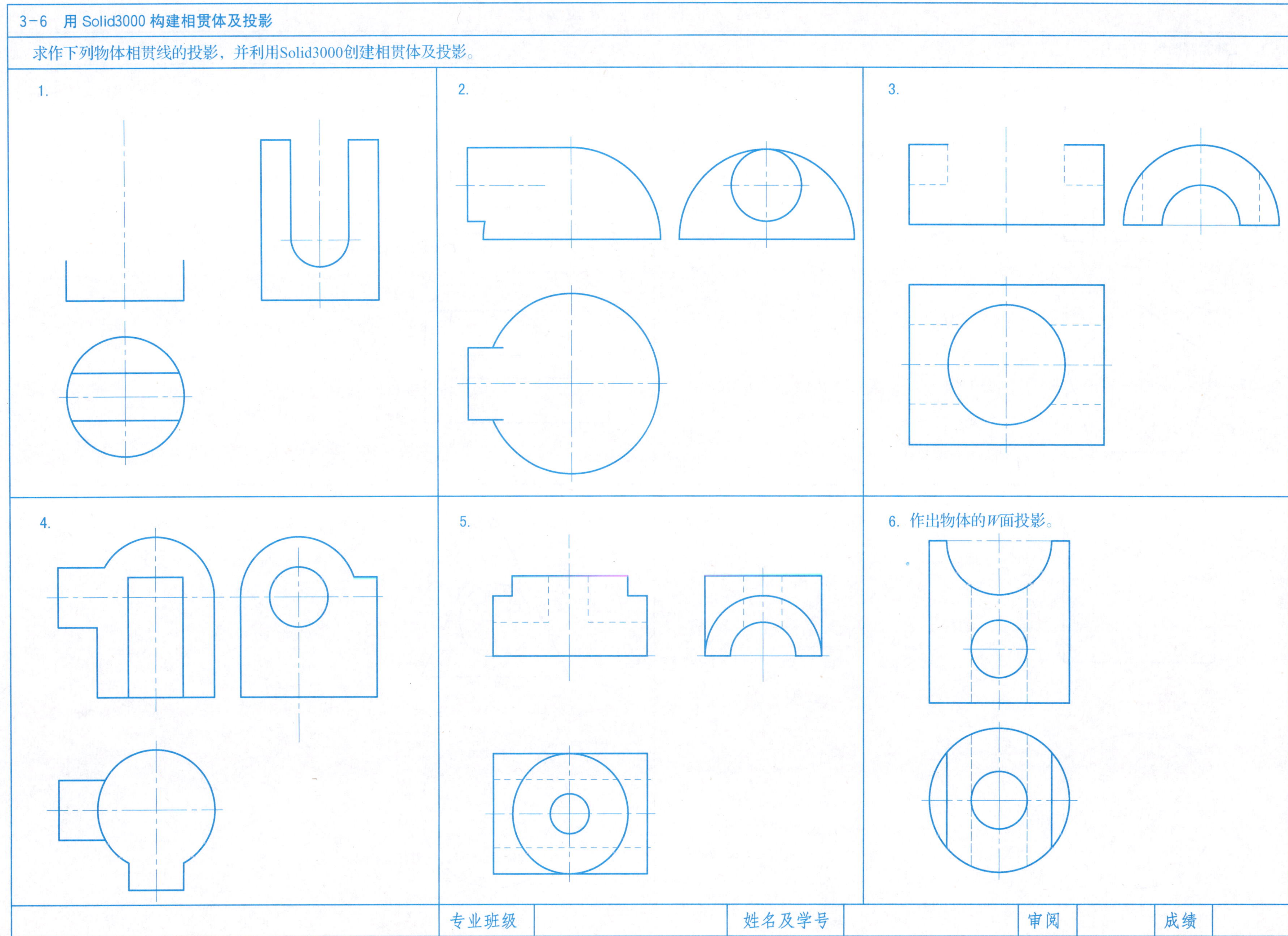

专业班级		姓名及学号		审阅		成绩	

第四章　形体的轴测投影图

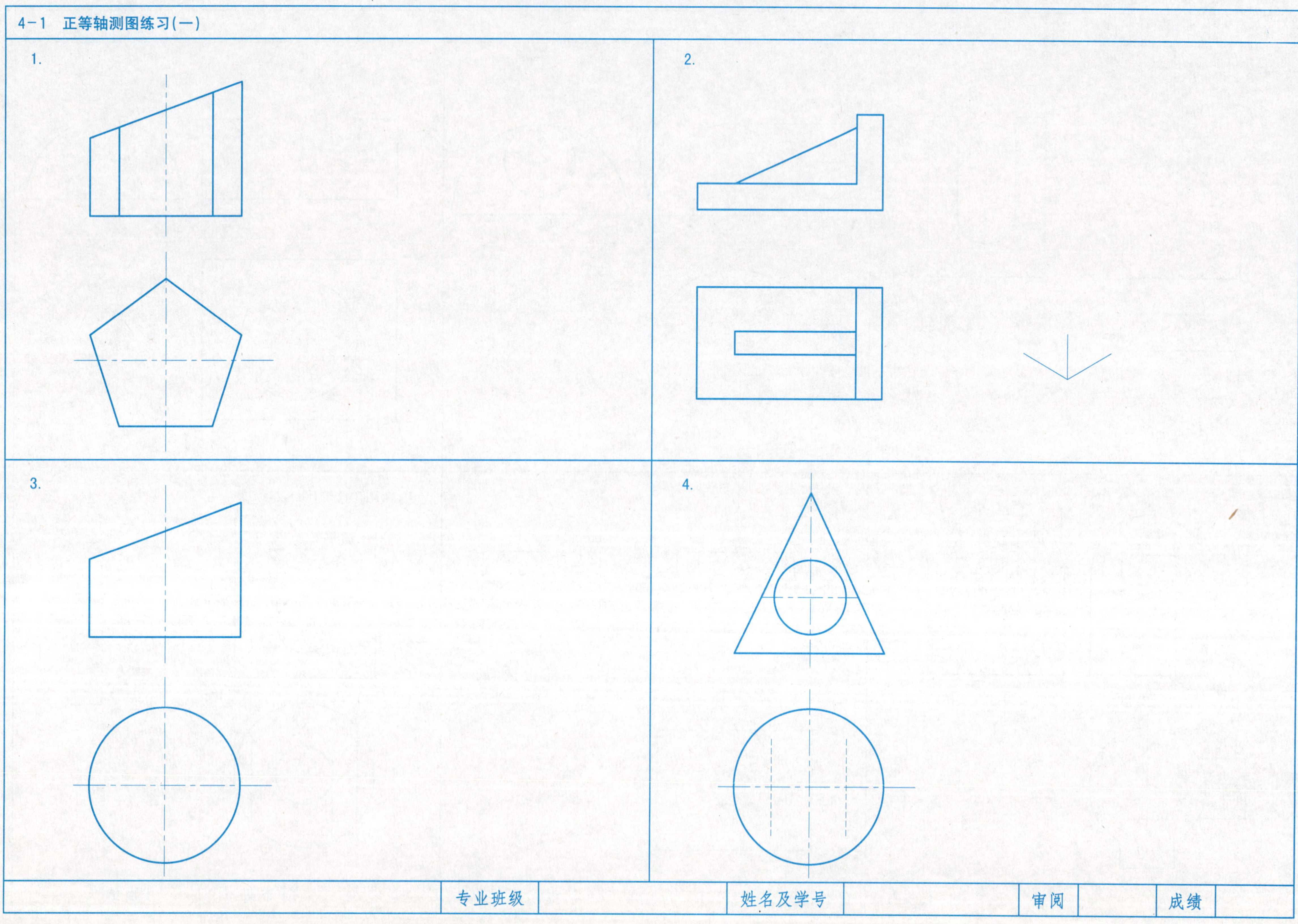

4-2 正等轴测图练习(二)

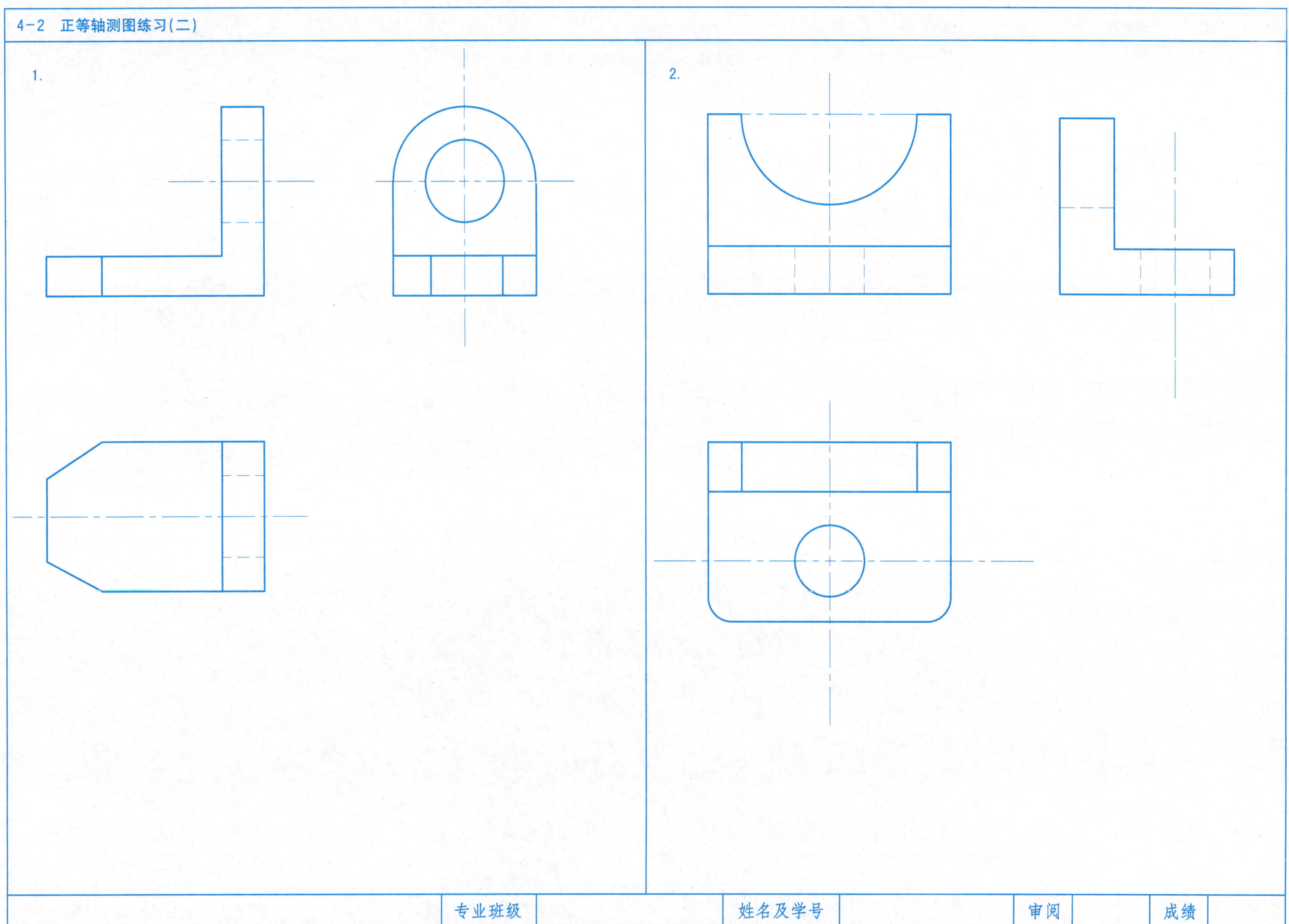

专业班级		姓名及学号		审阅		成绩	

4-3 斜二等轴测图练习

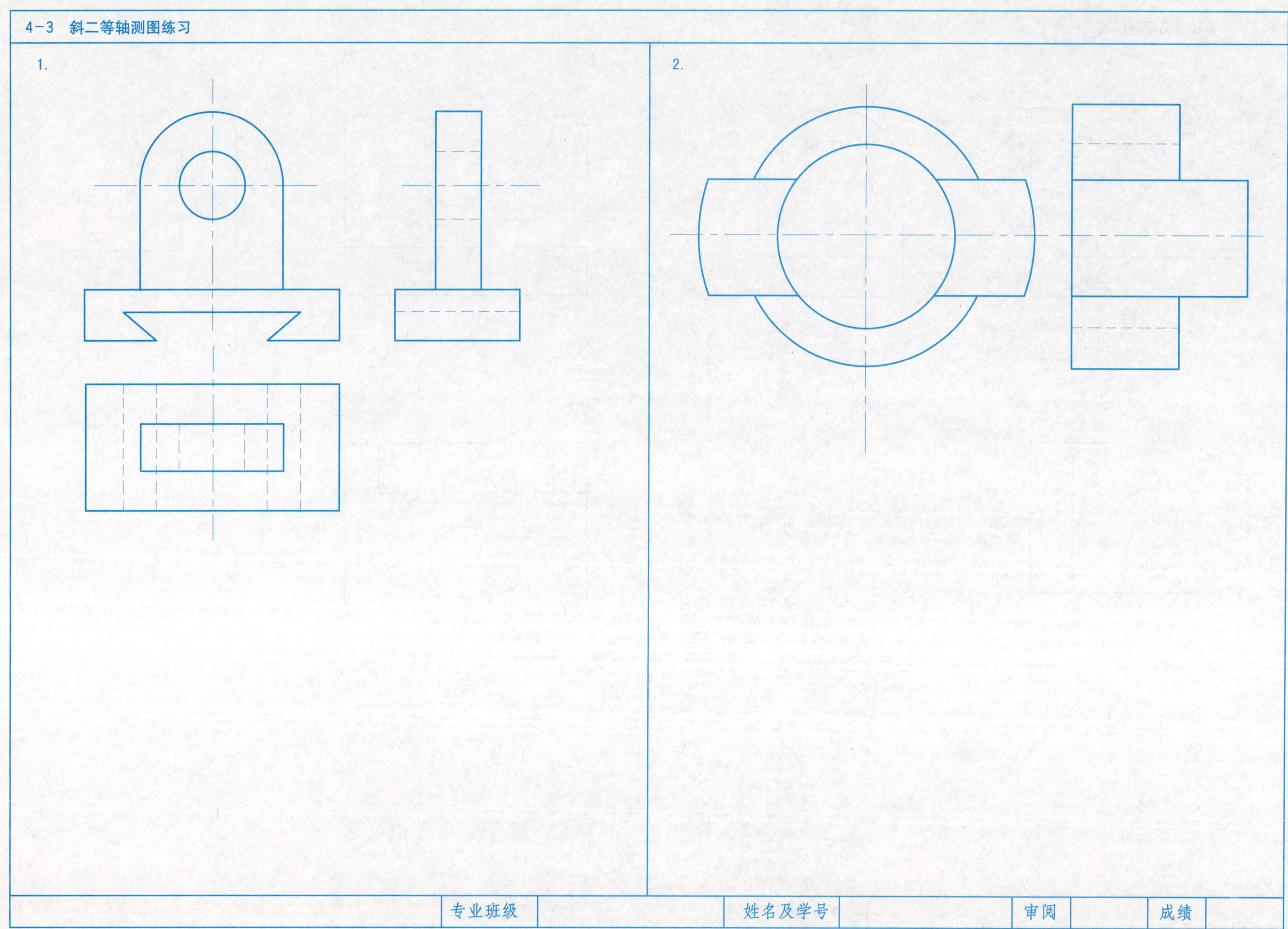

4-4 轴测草图绘制练习

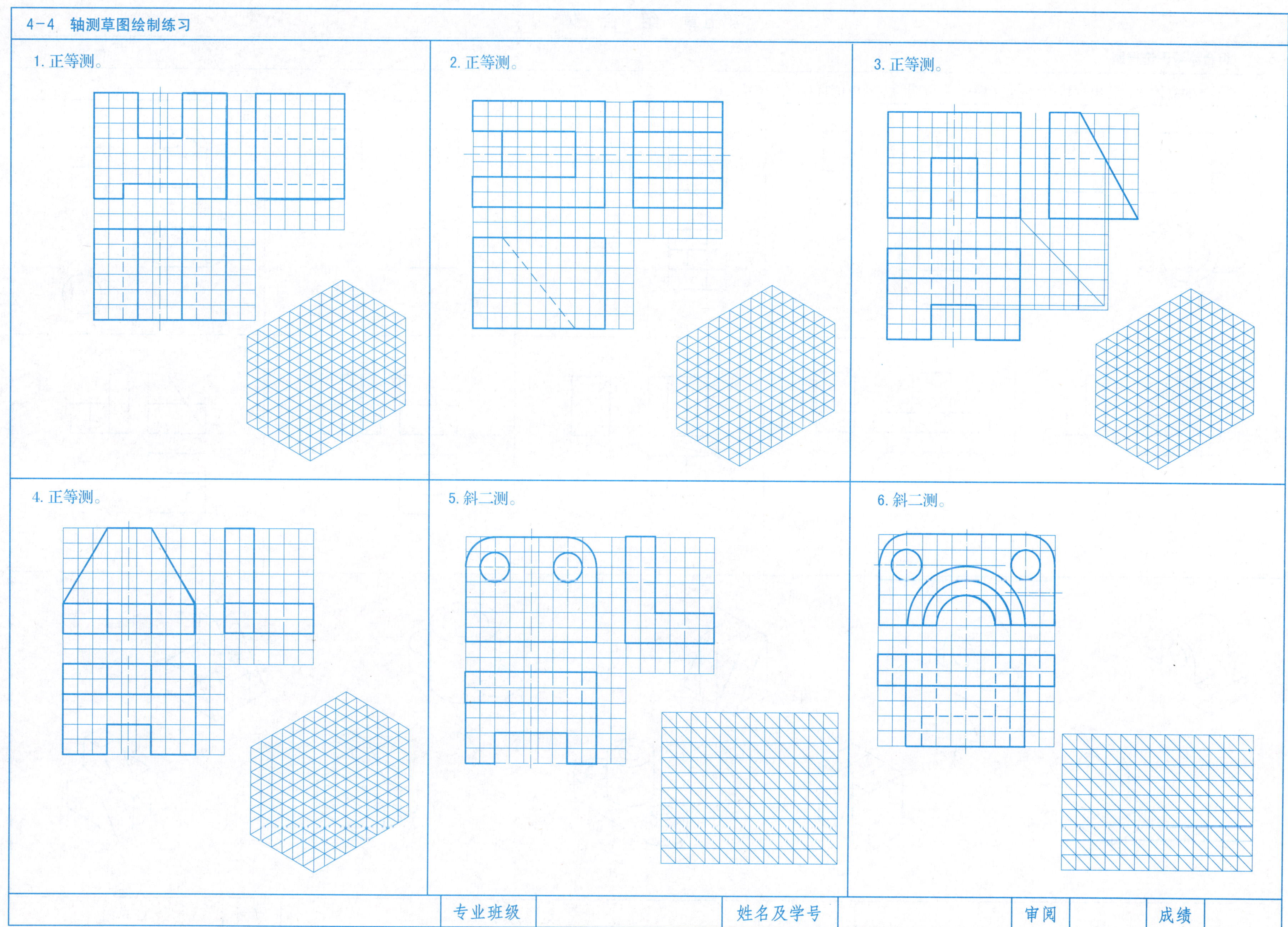

专业班级		姓名及学号		审阅		成绩	

第五章　组　合　体

5-1　组合体看图选择题

观察各形体的立体图，找出与其相对应的视图，在视图的空圈内填写对应的序号。

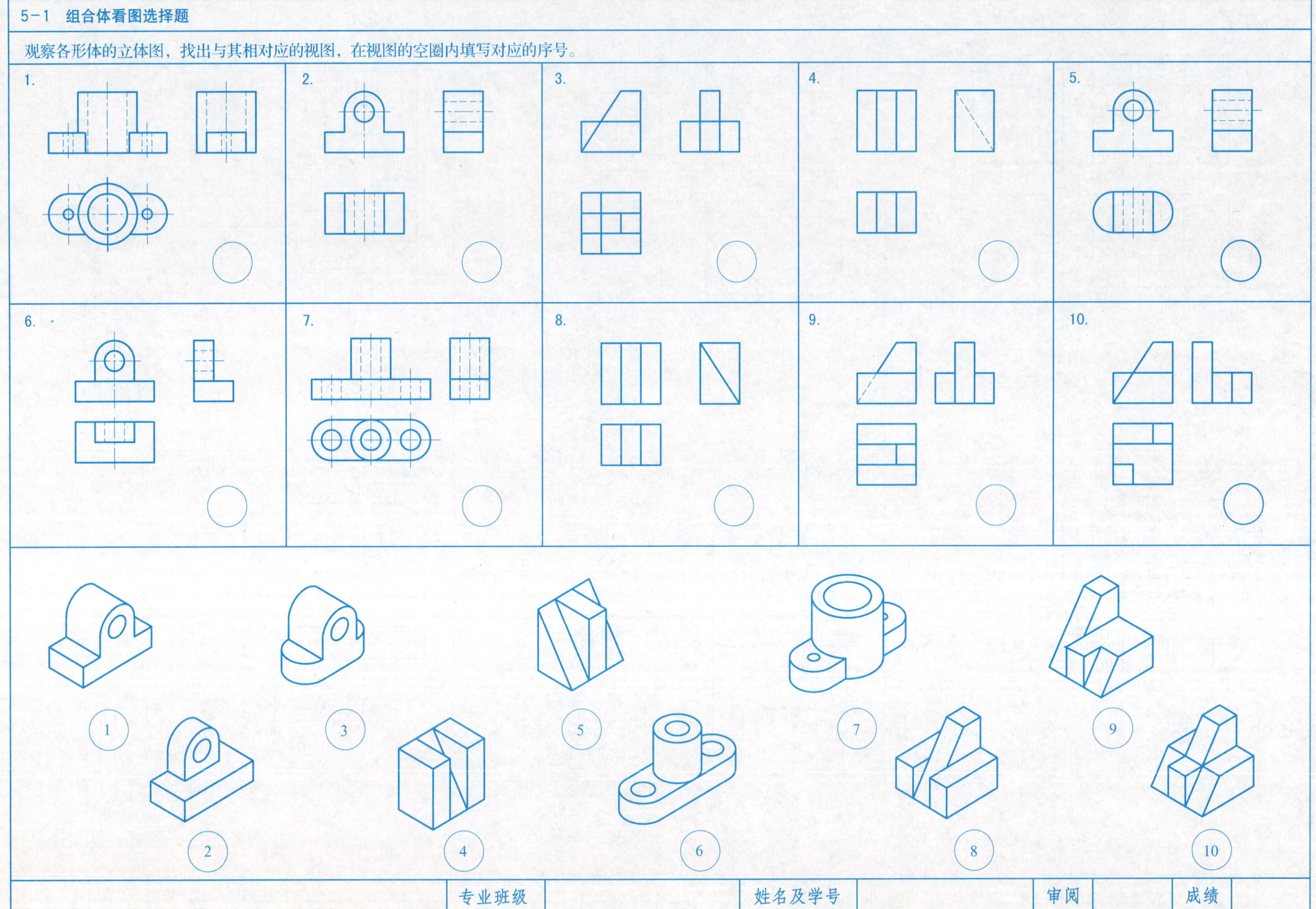

专业班级		姓名及学号		审阅		成绩	

5-2 组合体补漏线(一)

根据轴测图补画投影图中所缺的图线。

1.

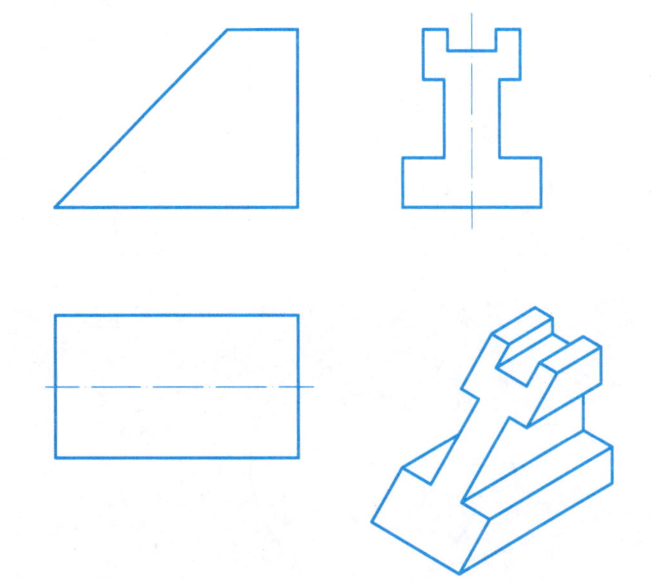

2.

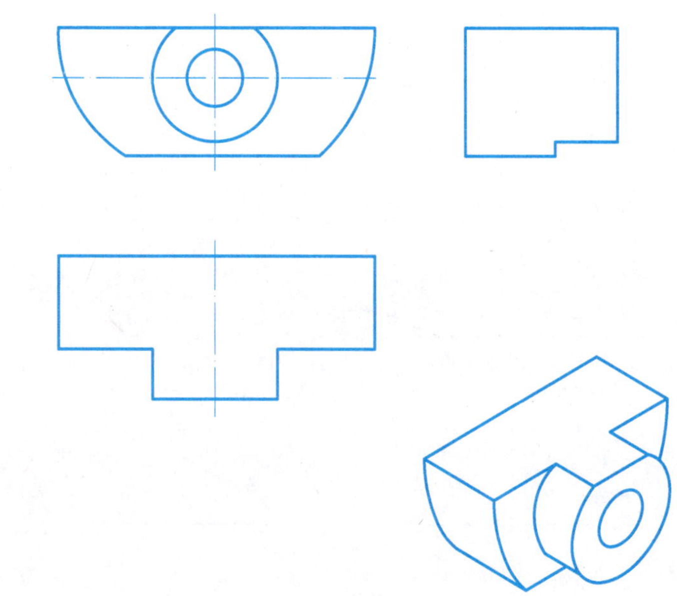

3.

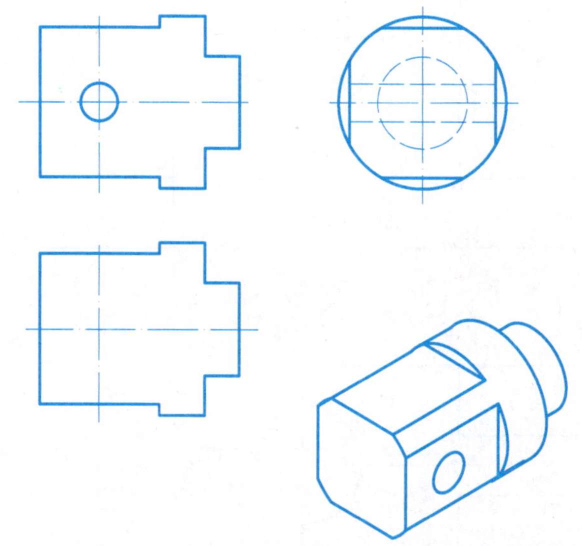

4.

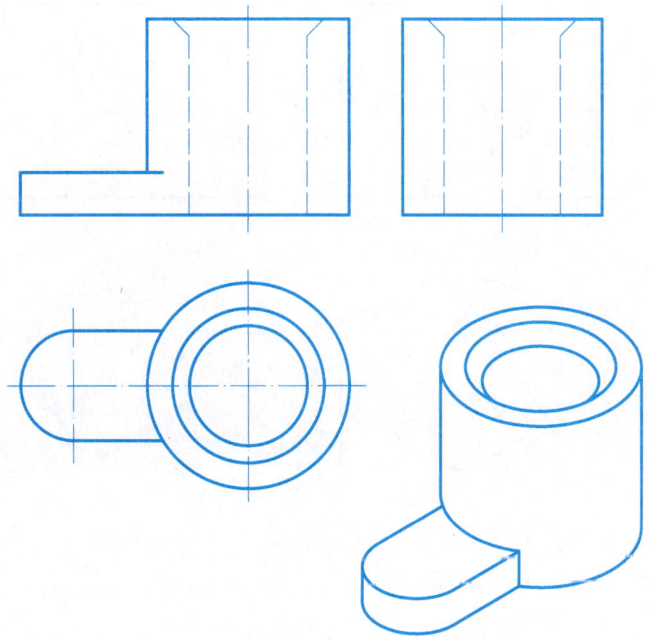

5.

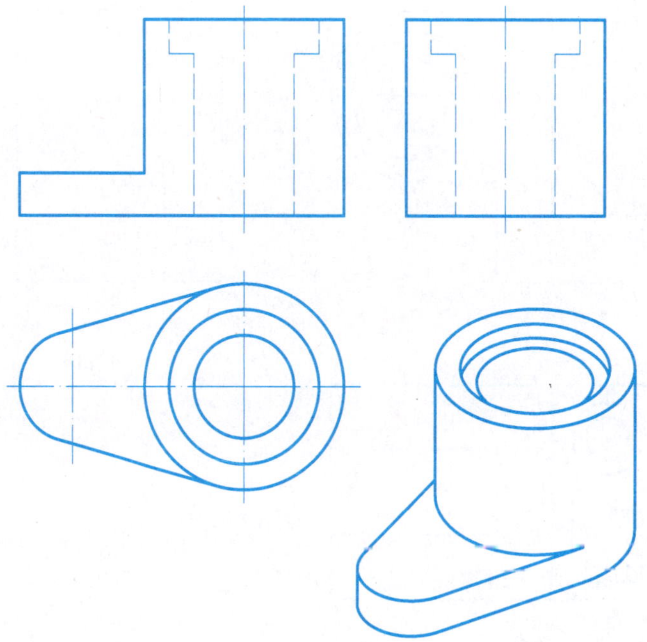

6.

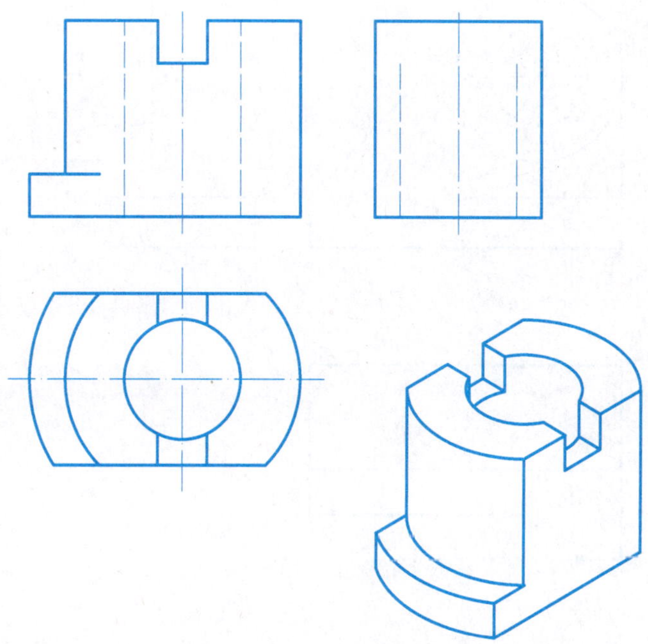

专业班级		姓名及学号		审阅		成绩	

5-3　组合体补漏线(二)

补全下列视图中所缺的图线。

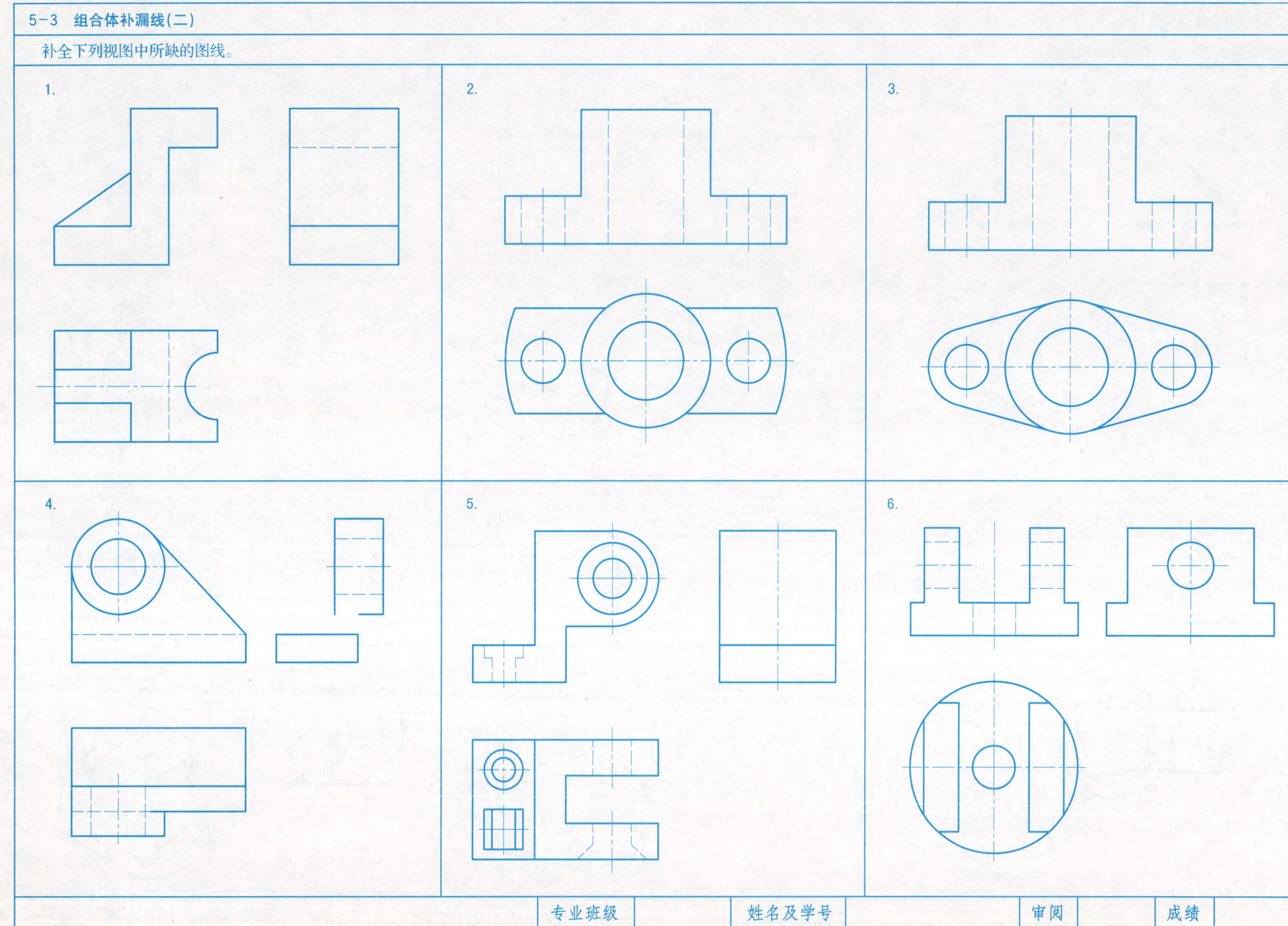

专业班级　　姓名及学号　　审阅　　成绩

5-4 补画组合体的第三面投影图(一)

1.

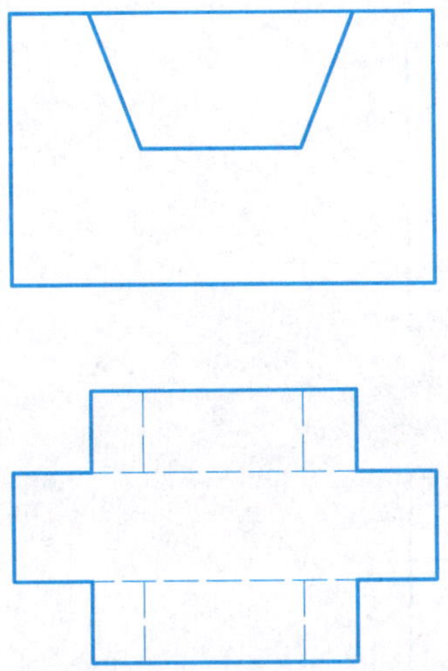

2.

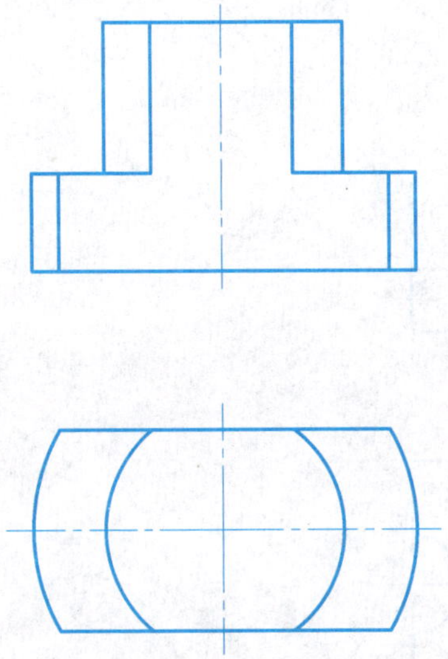

3.

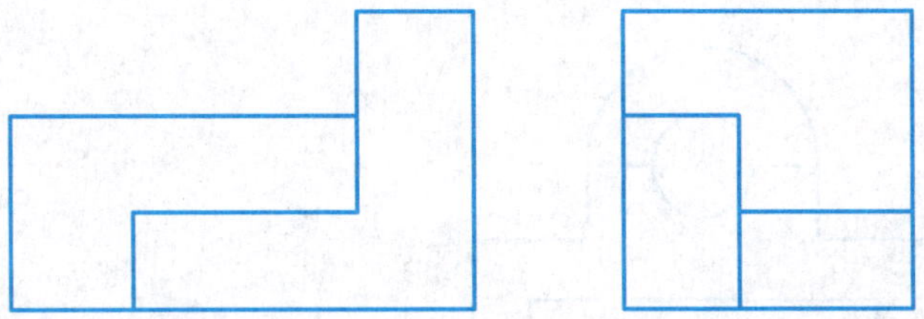

4.

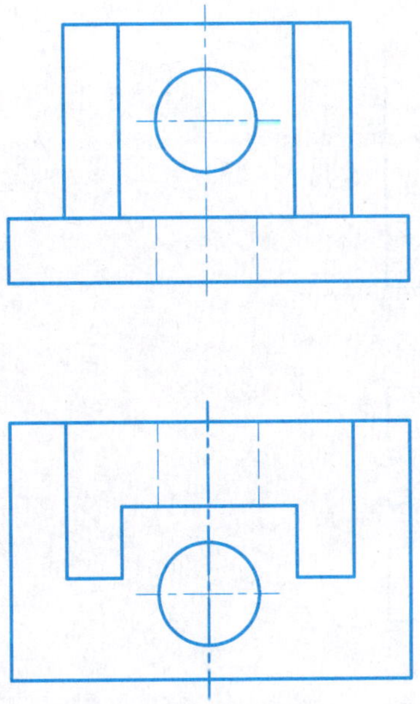

5.

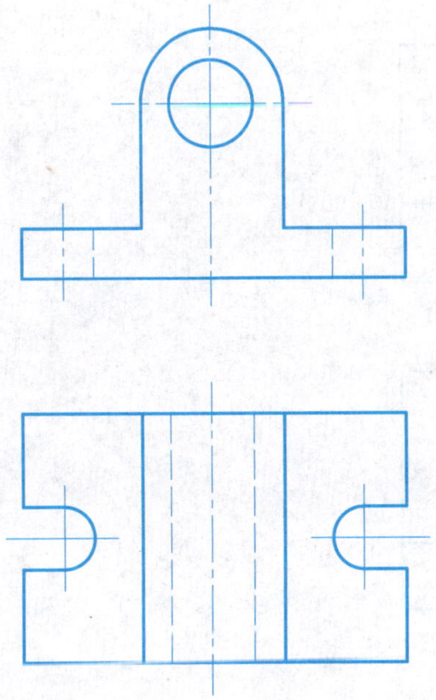

6.

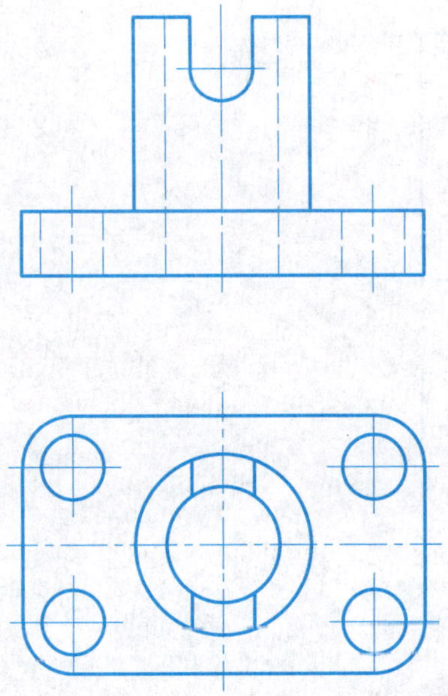

专业班级		姓名及学号		审阅		成绩	

5-5 补画组合体的第三面投影图(二)

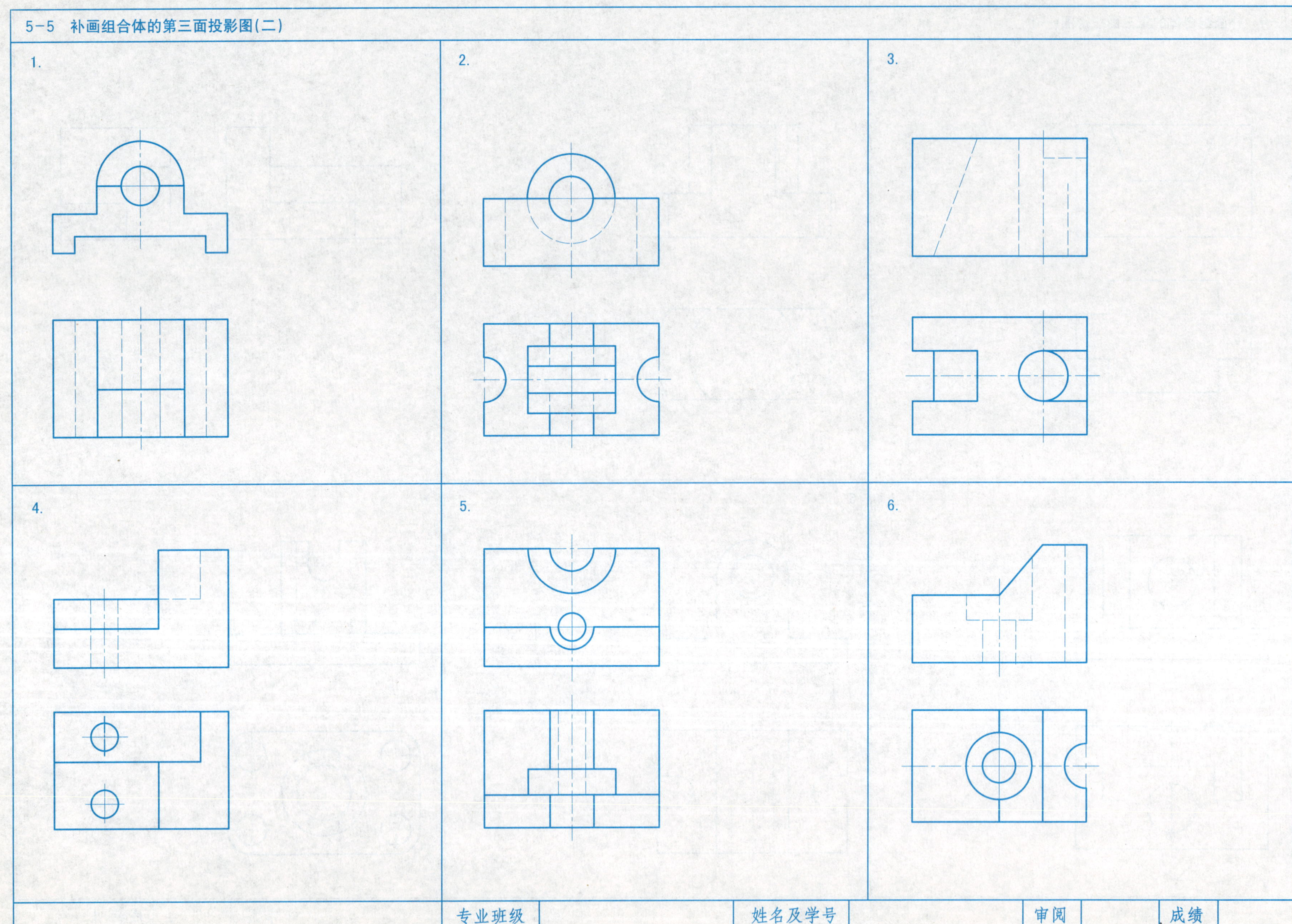

专业班级	姓名及学号	审阅	成绩

5-6 组合体画图(一)

根据所给轴测图用1:1比例绘制组合体投影图，然后用Solid3000构造立体模型并生成三视图。

1.

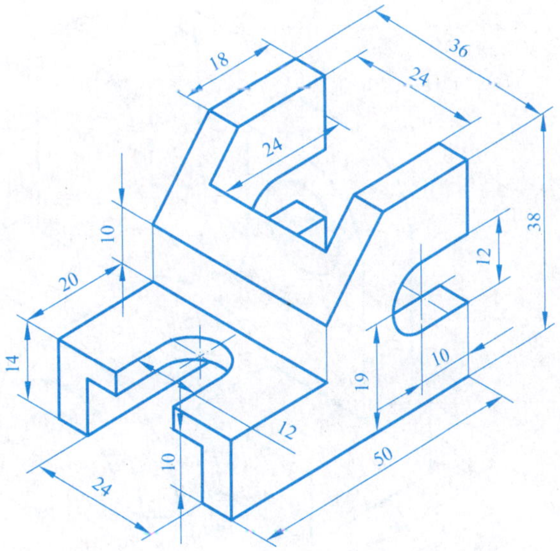

2.

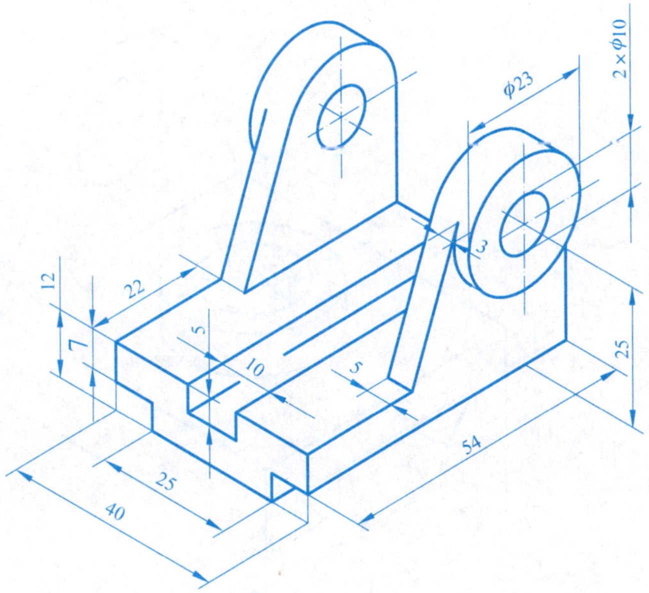

5-7 组合体画图(二)

根据所给轴测图用1:1比例绘制组合体投影图，然后用Solid3000构造立体模型并生成三视图。

1.

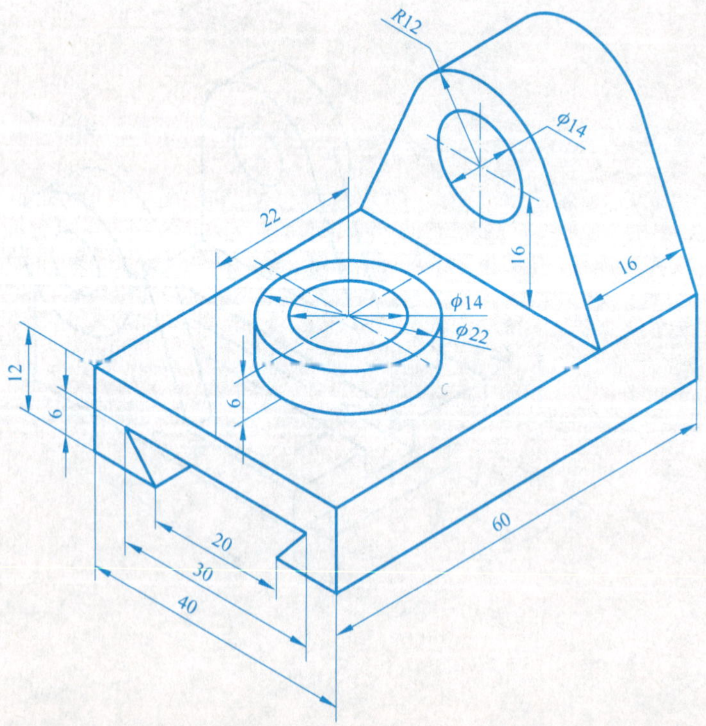

R12
φ14
22
16
16
φ14
φ22
12
6
6
20
30
40
60

2.

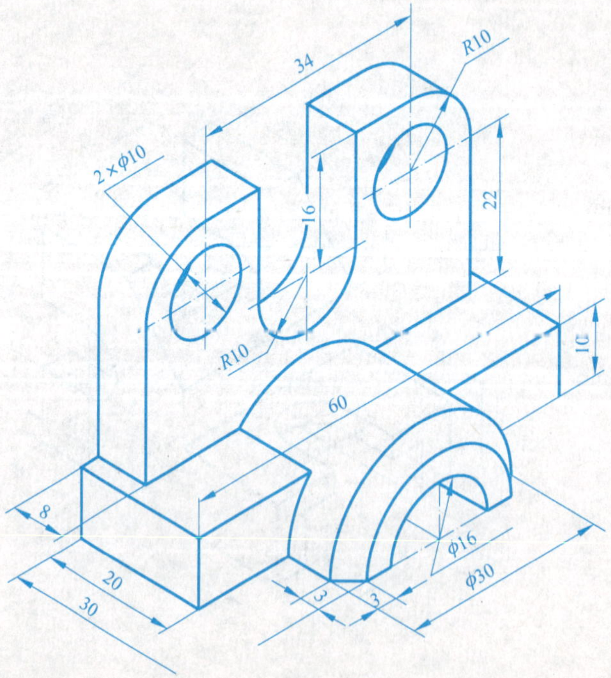

34
R10
2×φ10
16
22
10
R10
60
8
20
30
3
3
φ16
φ30

专业班级		姓名及学号		审阅		成绩	

5-8 补画组合体的第三面投影图(一)

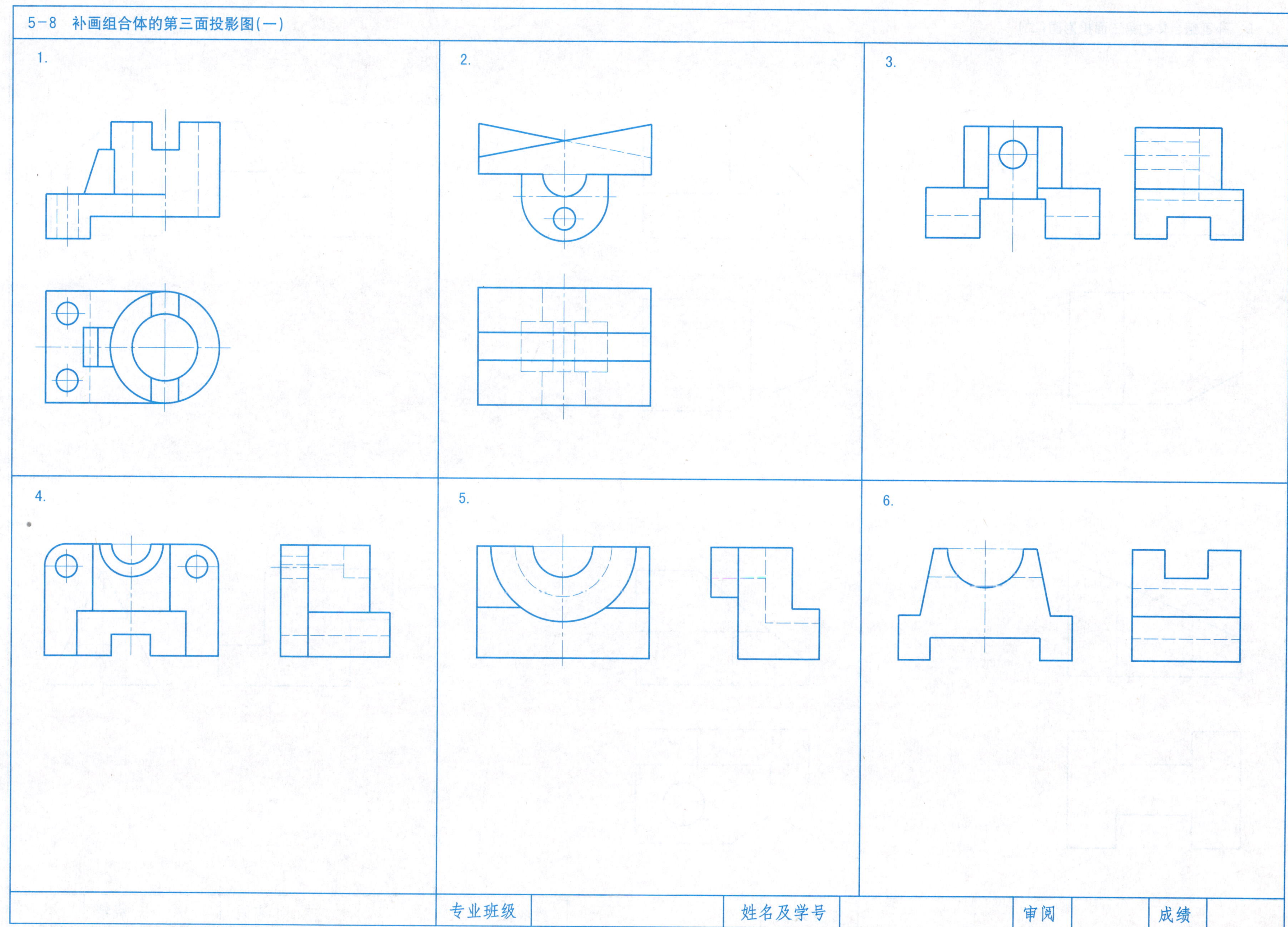

专业班级		姓名及学号		审阅		成绩	

5-9 补画组合体的第三面投影图(二)

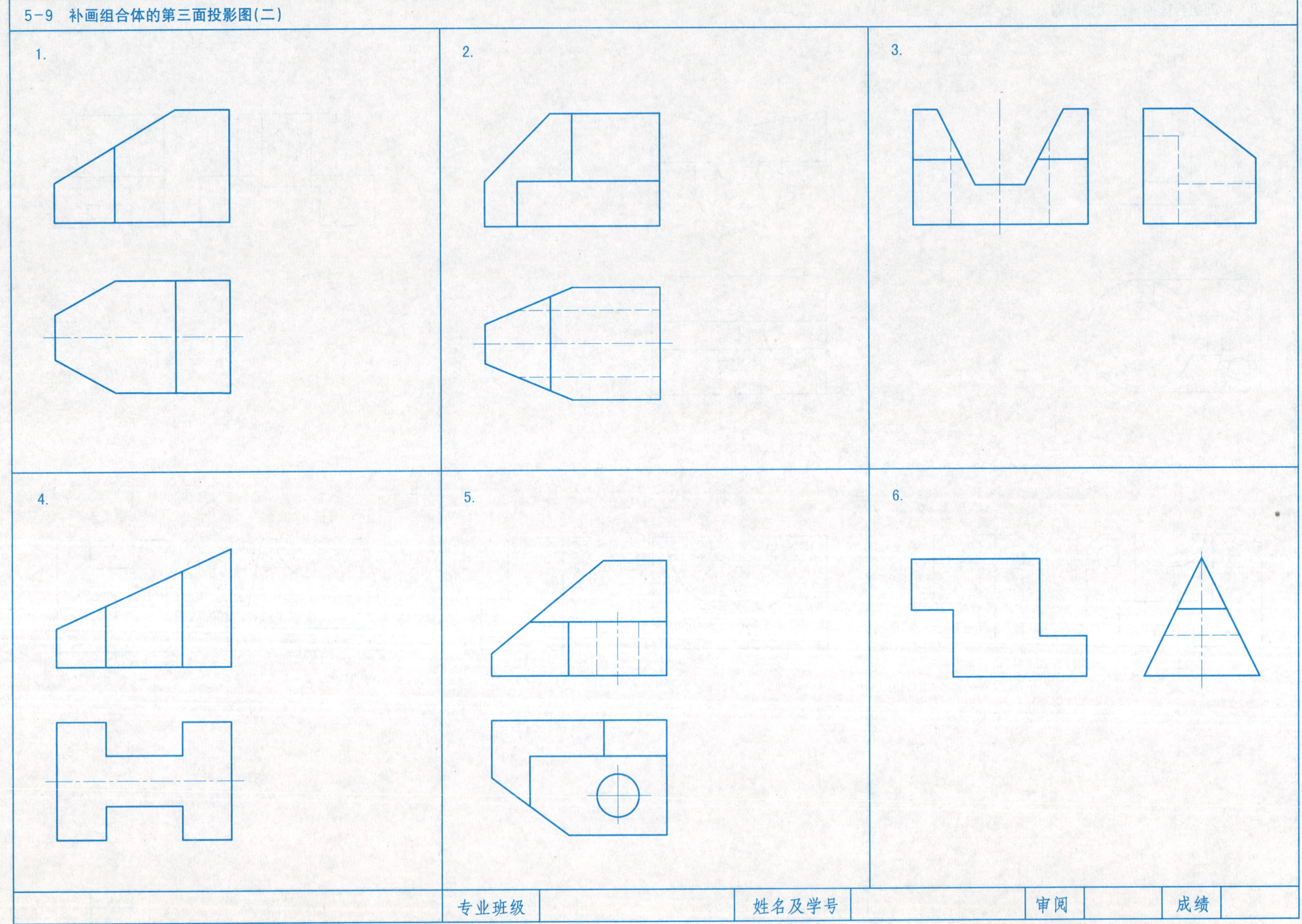

专业班级 姓名及学号 审阅 成绩

5-10 补画组合体的第三面投影图(三)

1.

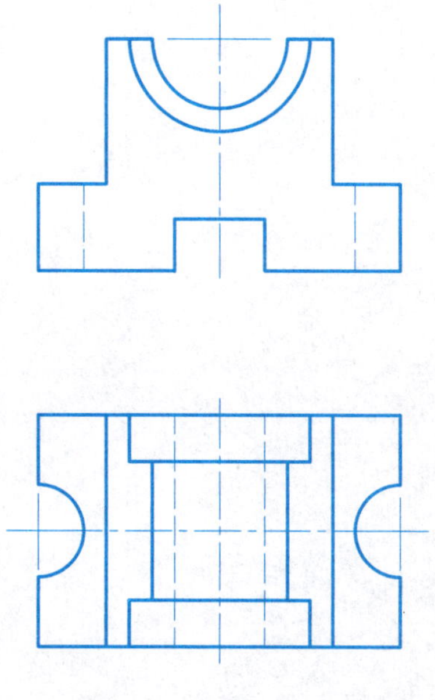

2.

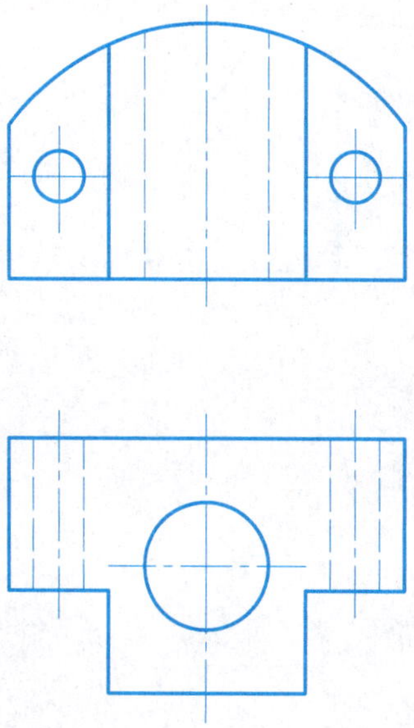

3.

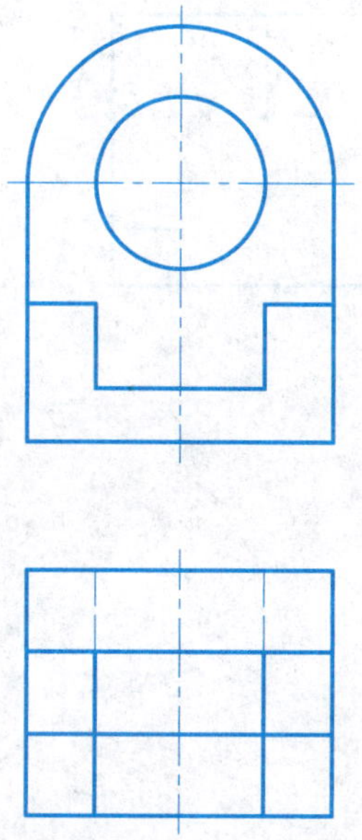

4.

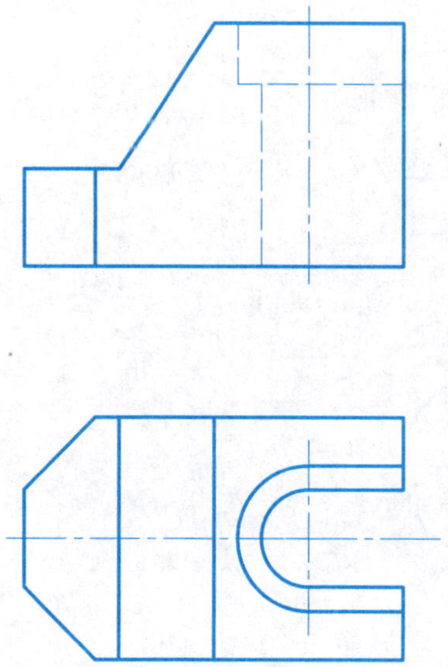

5.

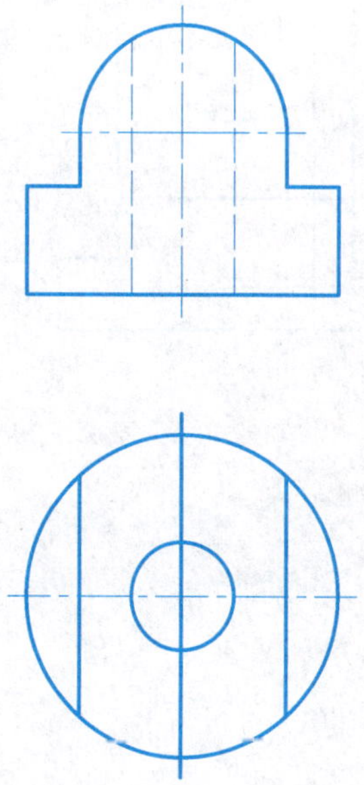

6.

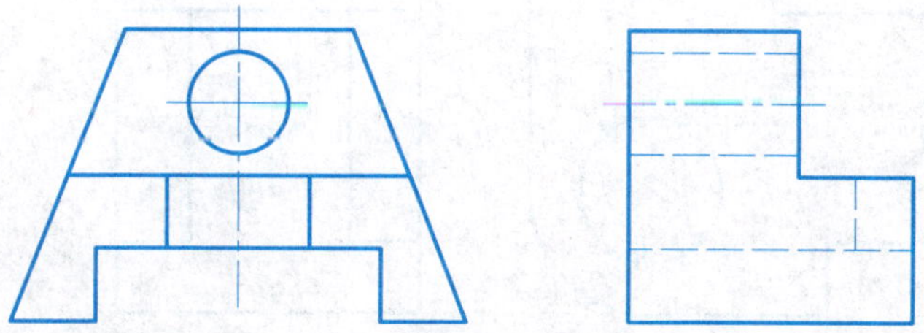

专业班级		姓名及学号		审阅		成绩	

5-11 补画组合体的第三面投影图(四)

专业班级		姓名及学号		审阅		成绩	

5-12 补画组合体的左视图，并标注尺寸（尺寸数值从图中按 1∶1 量取整数）

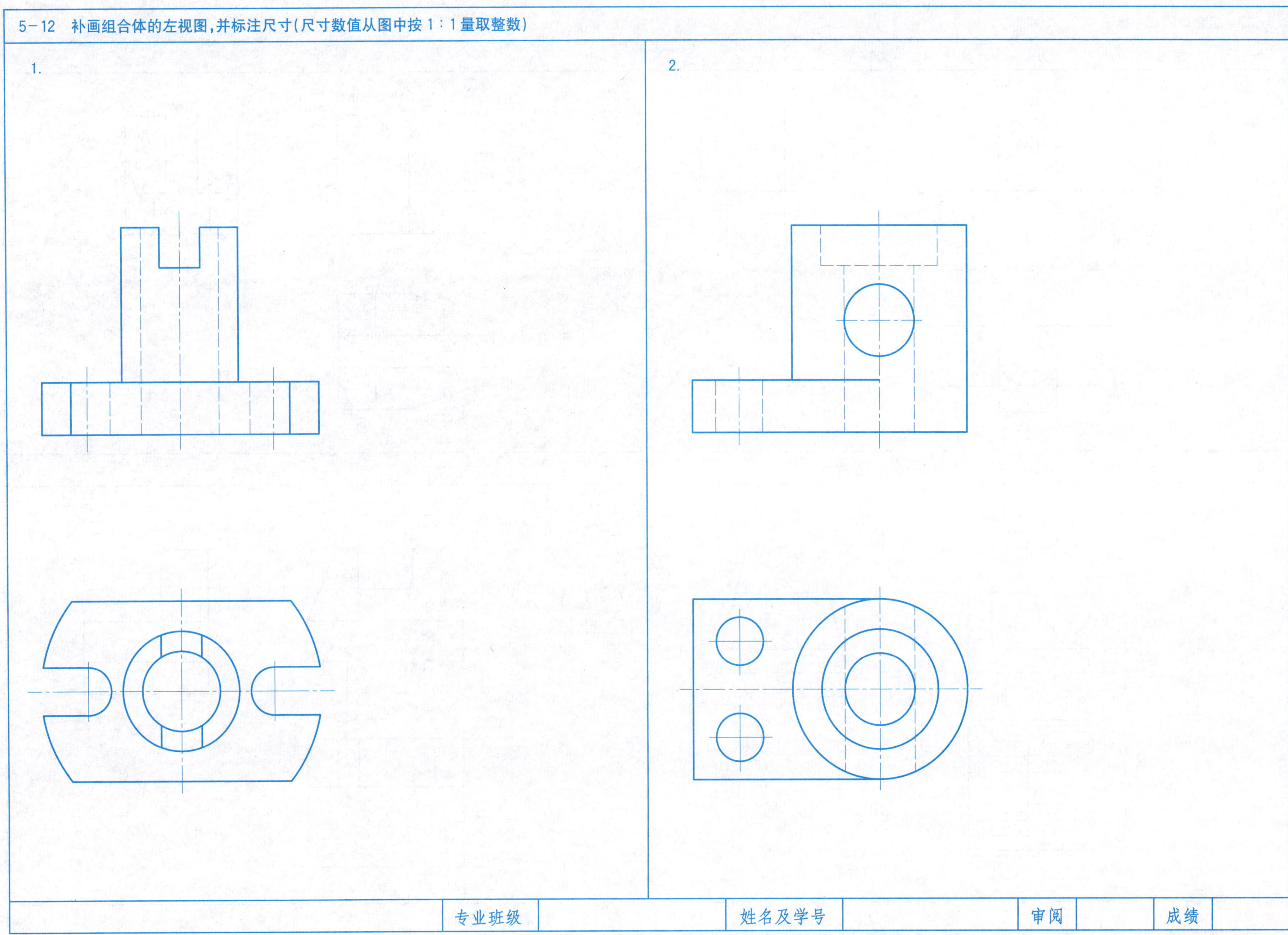

专业班级 | 姓名及学号 | 审阅 | 成绩

5-13 组合体的尺寸标注

5-13-1 标注组合体的尺寸（尺寸数值从图中按1:1量取整数）

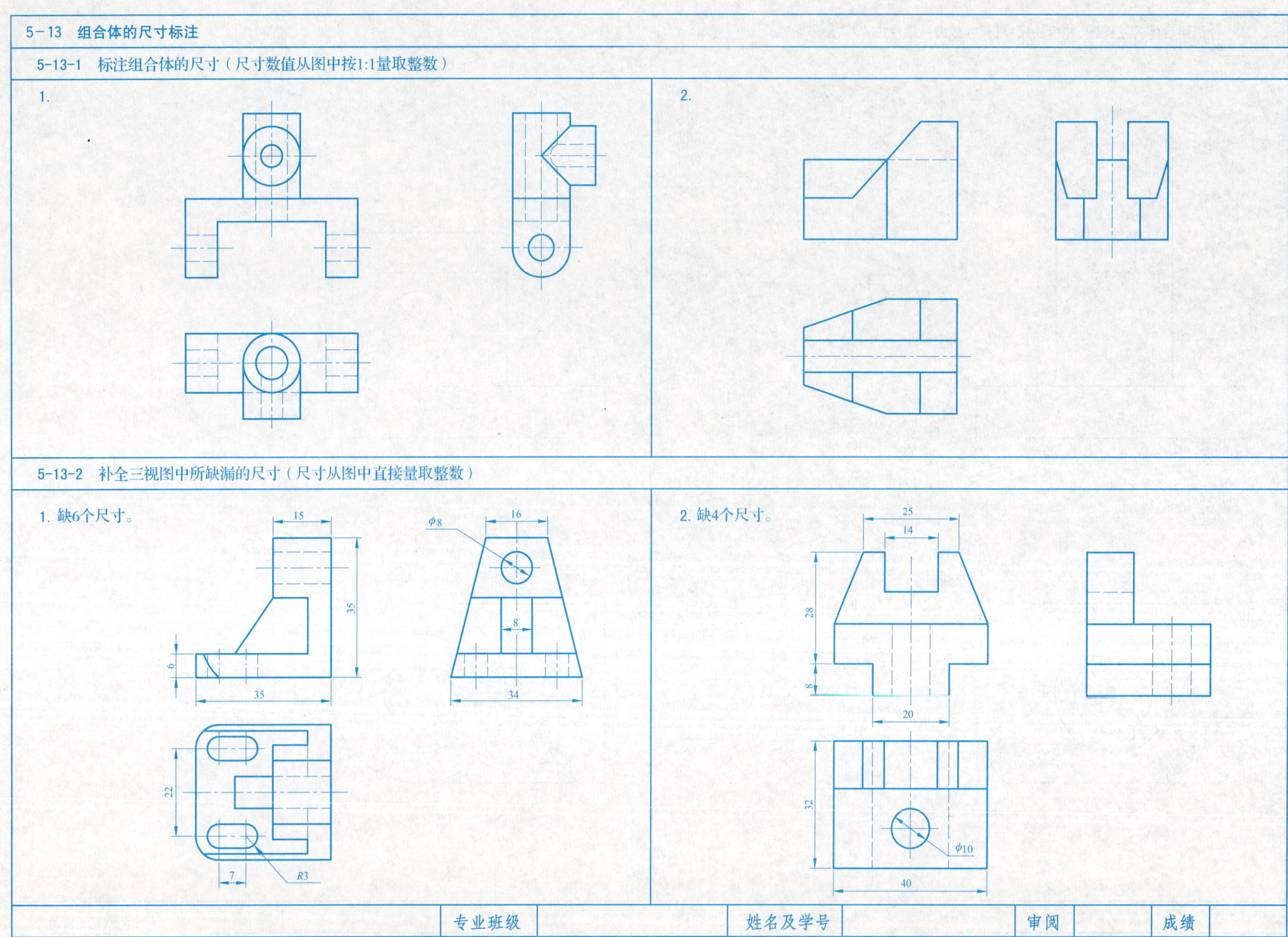

专业班级		姓名及学号		审阅		成绩	

5-14　根据组合体轴测图，徒手绘制物体的投影图

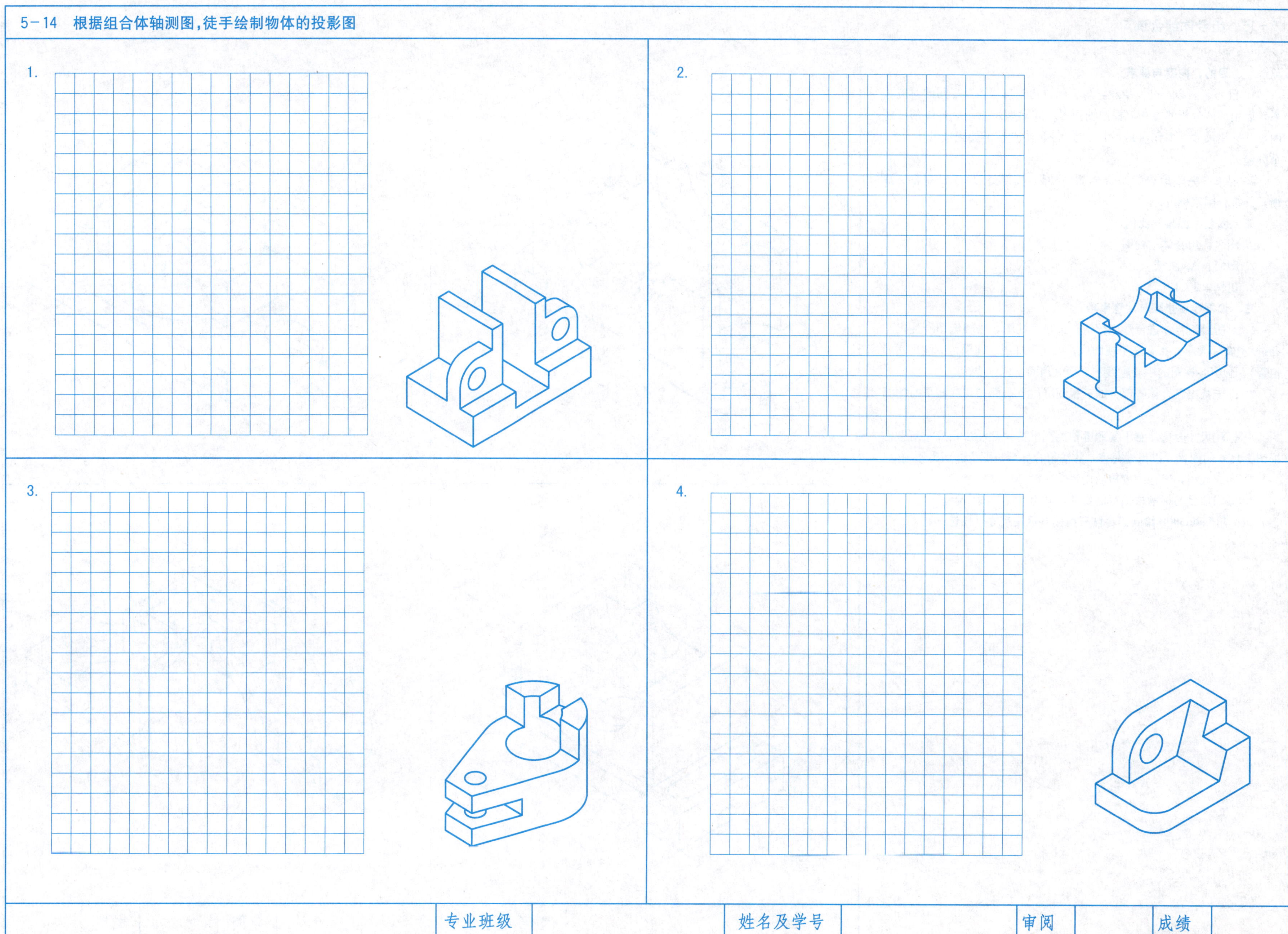

专业班级		姓名及学号		审阅		成绩	

5-15 组合体综合练习

一、目的、内容与要求

1. 目的、内容：进一步理解与巩固“物”与“图”之间的对应关系，运用形体分析的方法，根据轴测图（或模型）绘制组合体的三视图，并标注尺寸。本作业共4个分题，不同专业按需要完成其中1～2个分题。

2. 要求：完整地表达组合体的内外形状。标注尺寸要完整、清晰，并符合国家标准。

二、图名、图幅、比例

1. 图名：组合体三视图

2. 图幅：A3图纸

3. 比例：2∶1

三、仪器绘图步骤与注意事项

1. 对所绘组合体进行形体分析。选择主视图，按轴测图所注尺寸（或模型实际大小）布置三个视图位置（注意视图之间预留标注尺寸的位置），画出各视图的中心轴线和底面（顶面）位置线。

2. 逐步画出组合体各部分的三视图（注意表面相切或相贯时的画法）。

3. 标注尺寸时应注意不要照搬轴测图上的尺寸注法，应重新考虑视图上尺寸的配置。以尺寸完整，注法符合标准，配置适当为原则。

4. 完成底稿，经仔细校核后用铅笔加深。

5. 图面质量与标题栏填写的要求，同第一次制图作业。

四、用Solid3000绘制组合体三视图并标注尺寸（任选一题）

1.

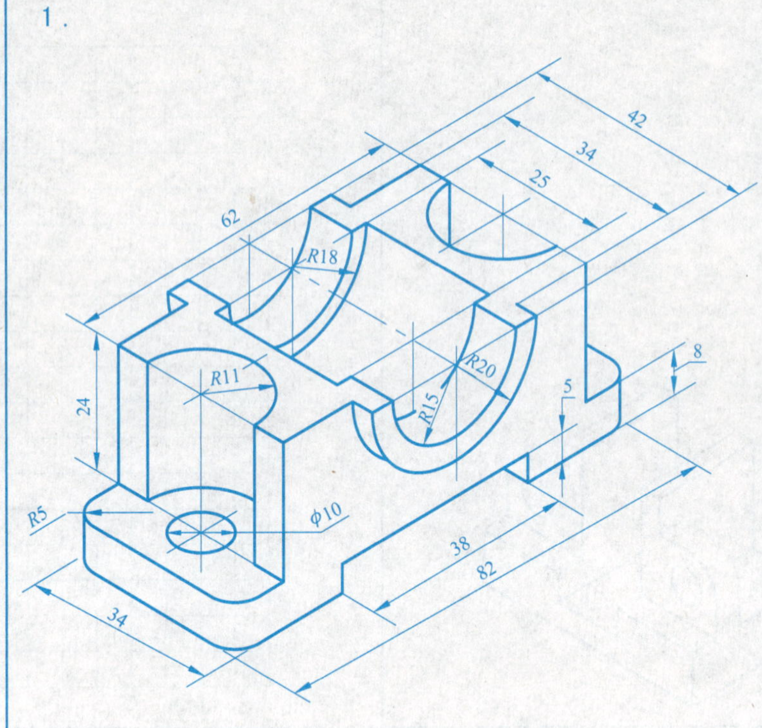

2.

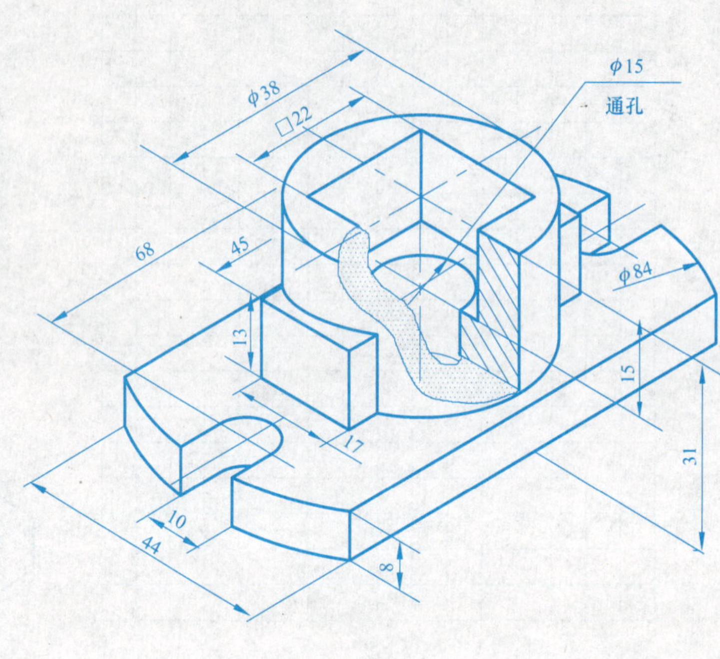

3.

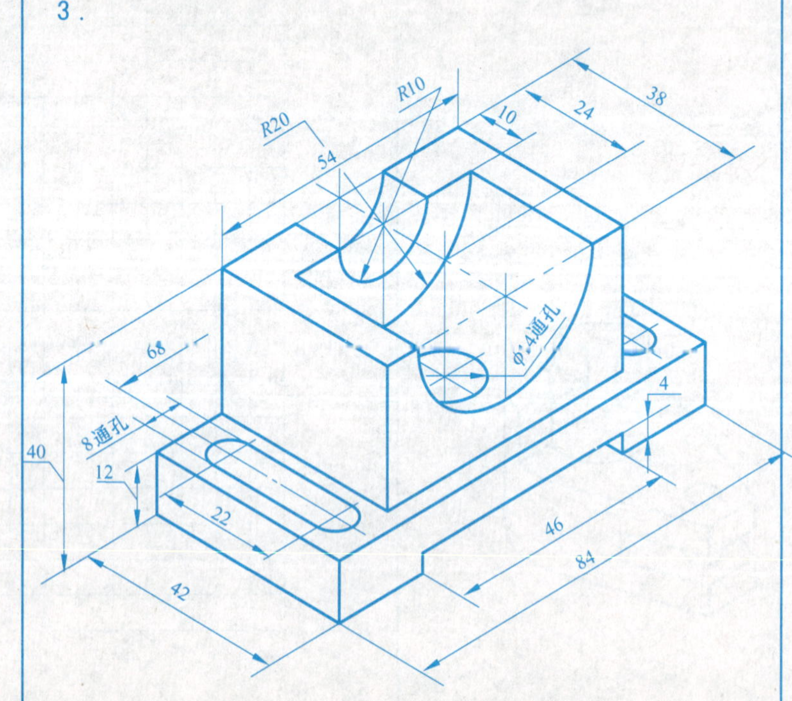

4.

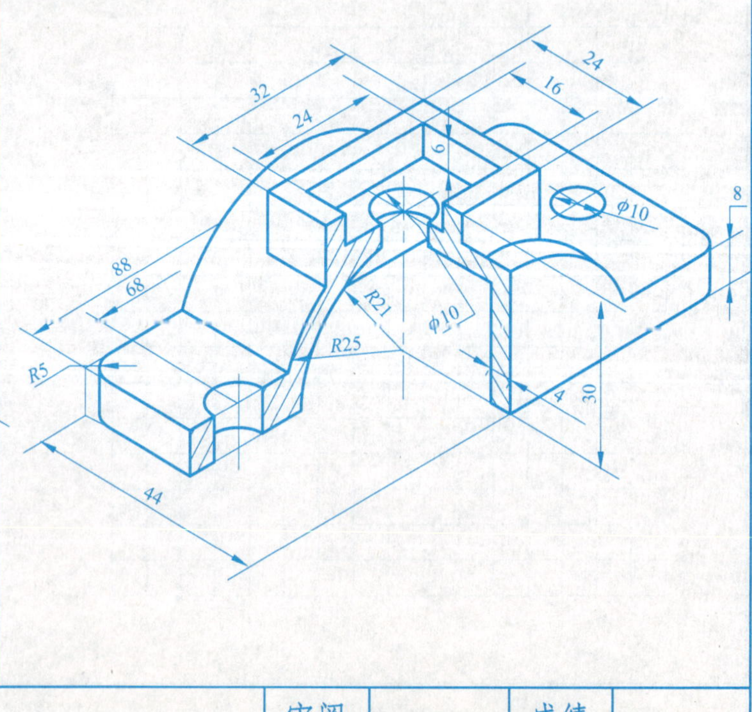

专业班级		姓名及学号		审阅		成绩	

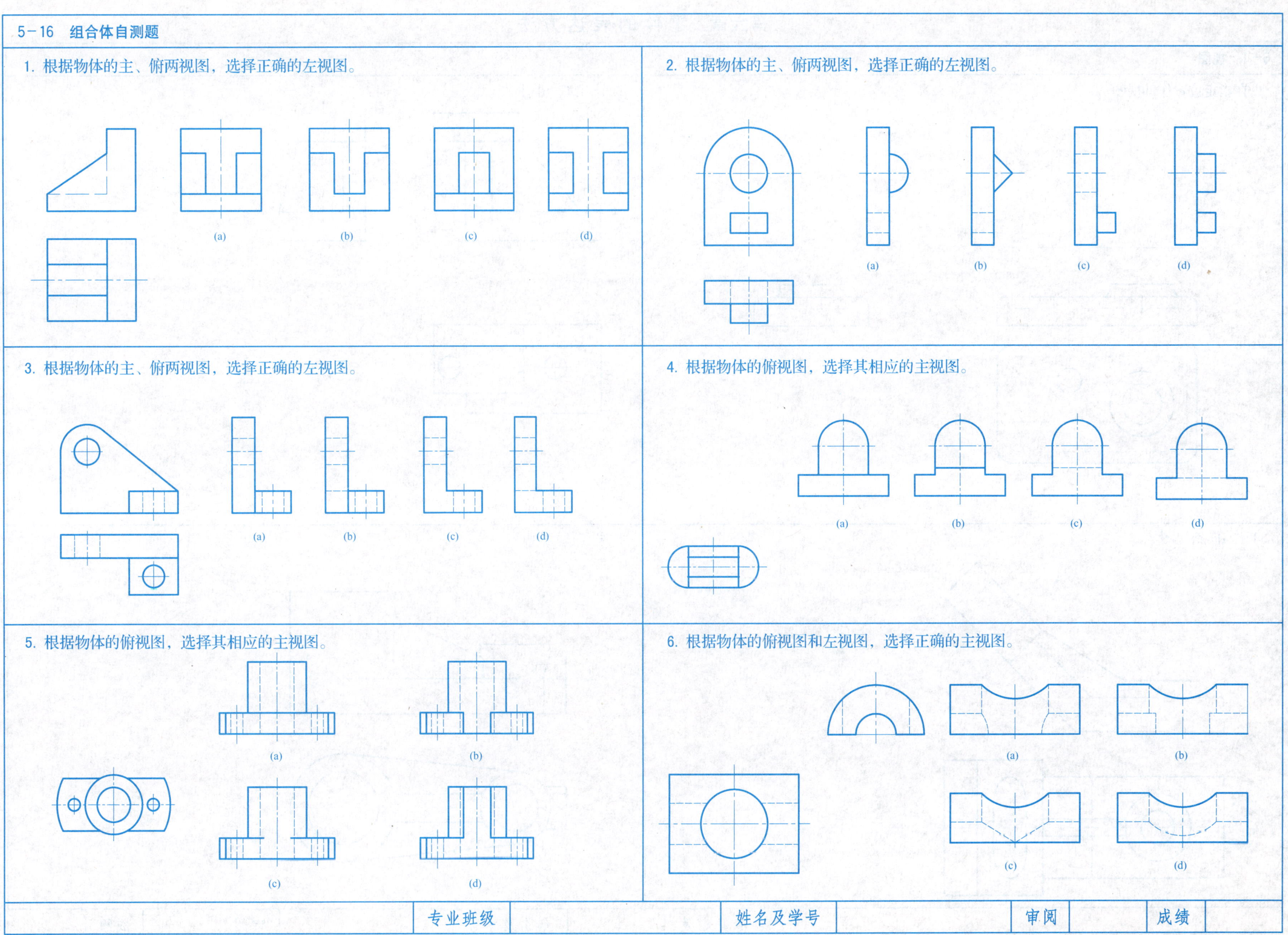
5-16 组合体自测题
1. 根据物体的主、俯两视图，选择正确的左视图。
(a)
(b)
(c)
(d)
2. 根据物体的主、俯两视图，选择正确的左视图。
(a)
(b)
(c)
(d)
3. 根据物体的主、俯两视图，选择正确的左视图。
(a)
(b)
(c)
(d)
4. 根据物体的俯视图，选择其相应的主视图。
(a)
(b)
(c)
(d)
5. 根据物体的俯视图，选择其相应的主视图。
(a)
(b)
(c)
(d)
6. 根据物体的俯视图和左视图，选择正确的主视图。
(a)
(b)
(c)
(d)
专业班级
姓名及学号
审阅
成绩

第六章　零件的表达方法

6-1　视图

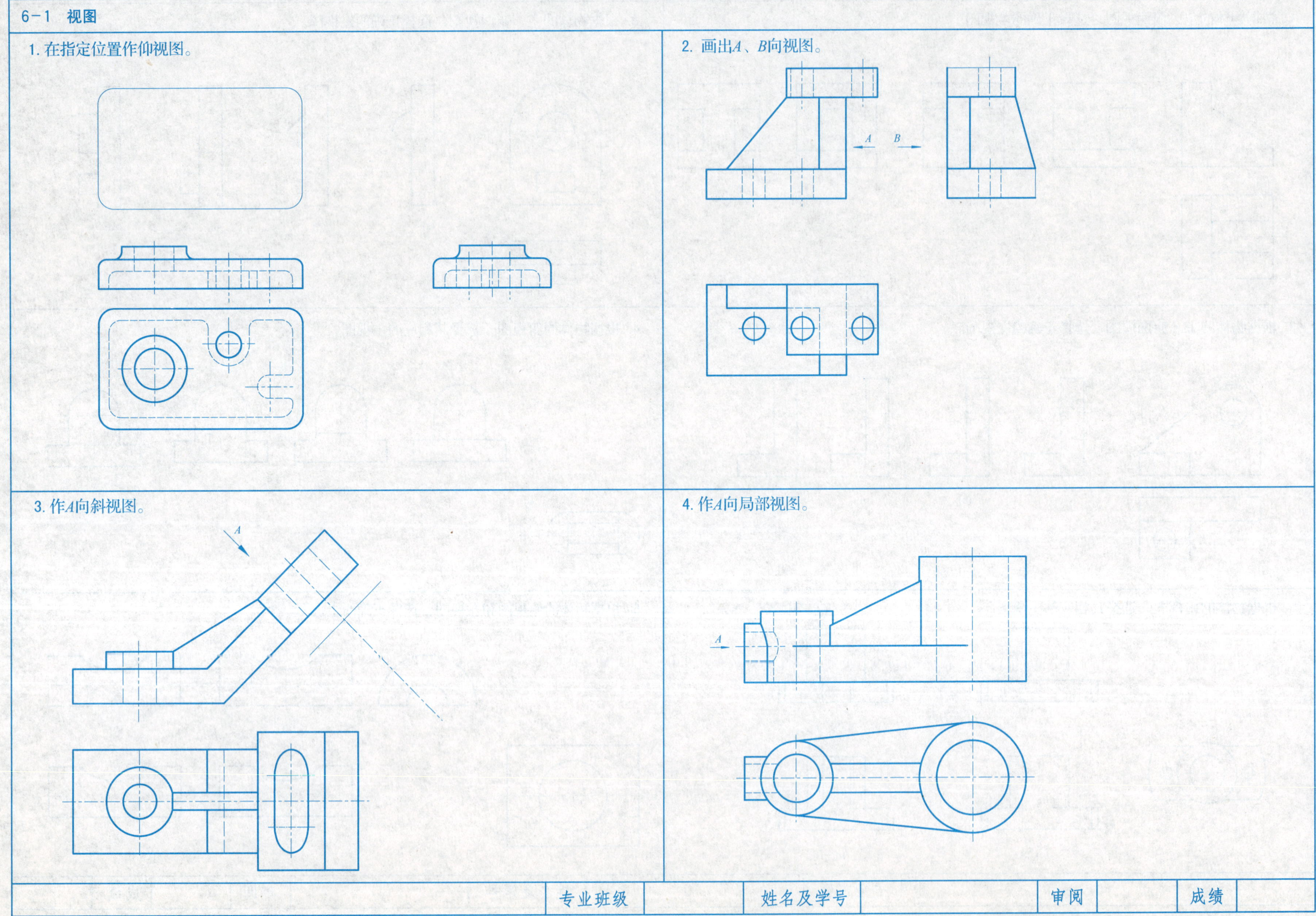

6-2 剖视图的概念

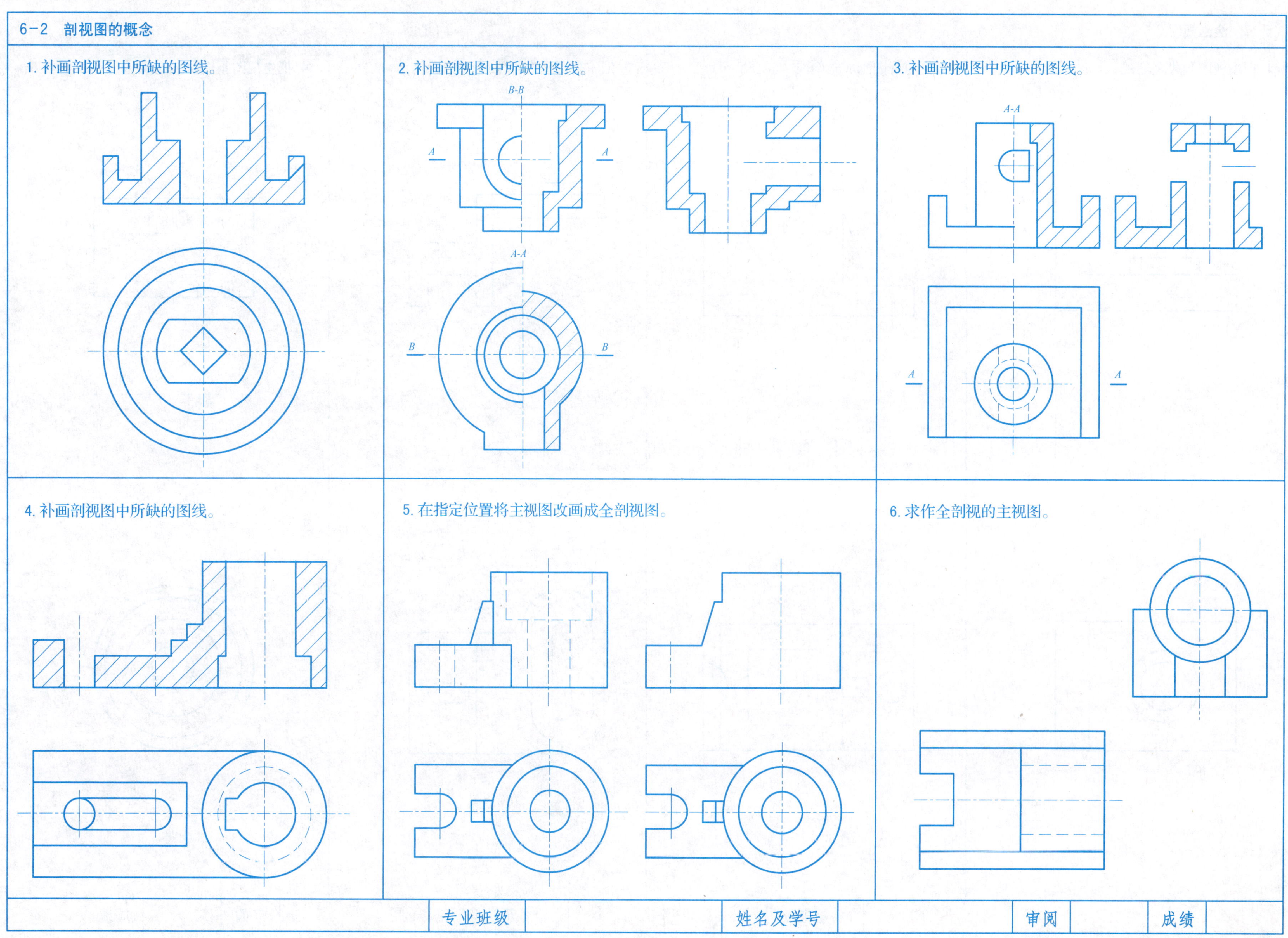

专业班级		姓名及学号		审阅		成绩	

6-3 全剖视图

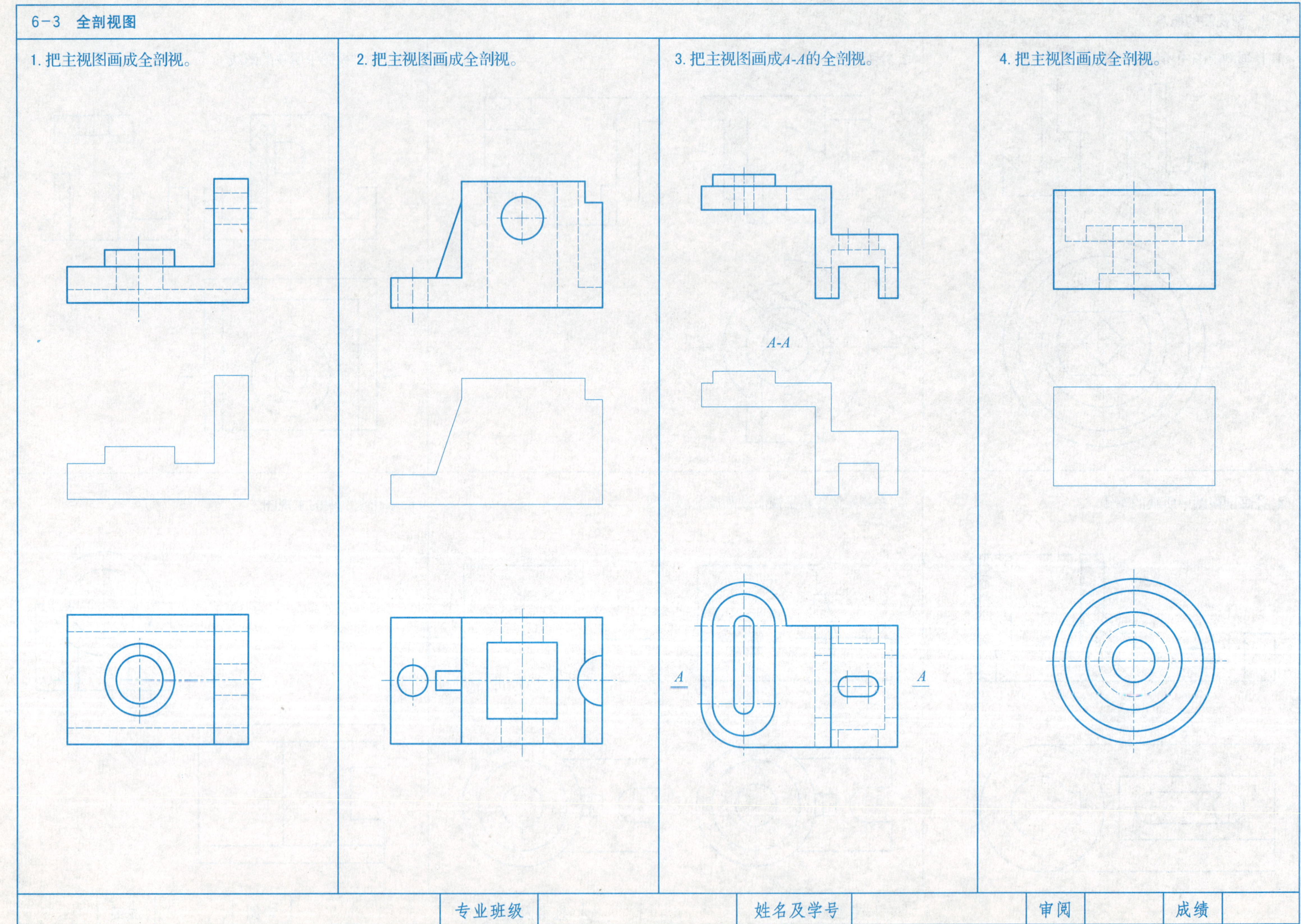
1. 把主视图画成全剖视。
2. 把主视图画成全剖视。
3. 把主视图画成A-A的全剖视。
A-A
A
A
4. 把主视图画成全剖视。
专业班级
姓名及学号
审阅
成绩

6-4 半剖视图

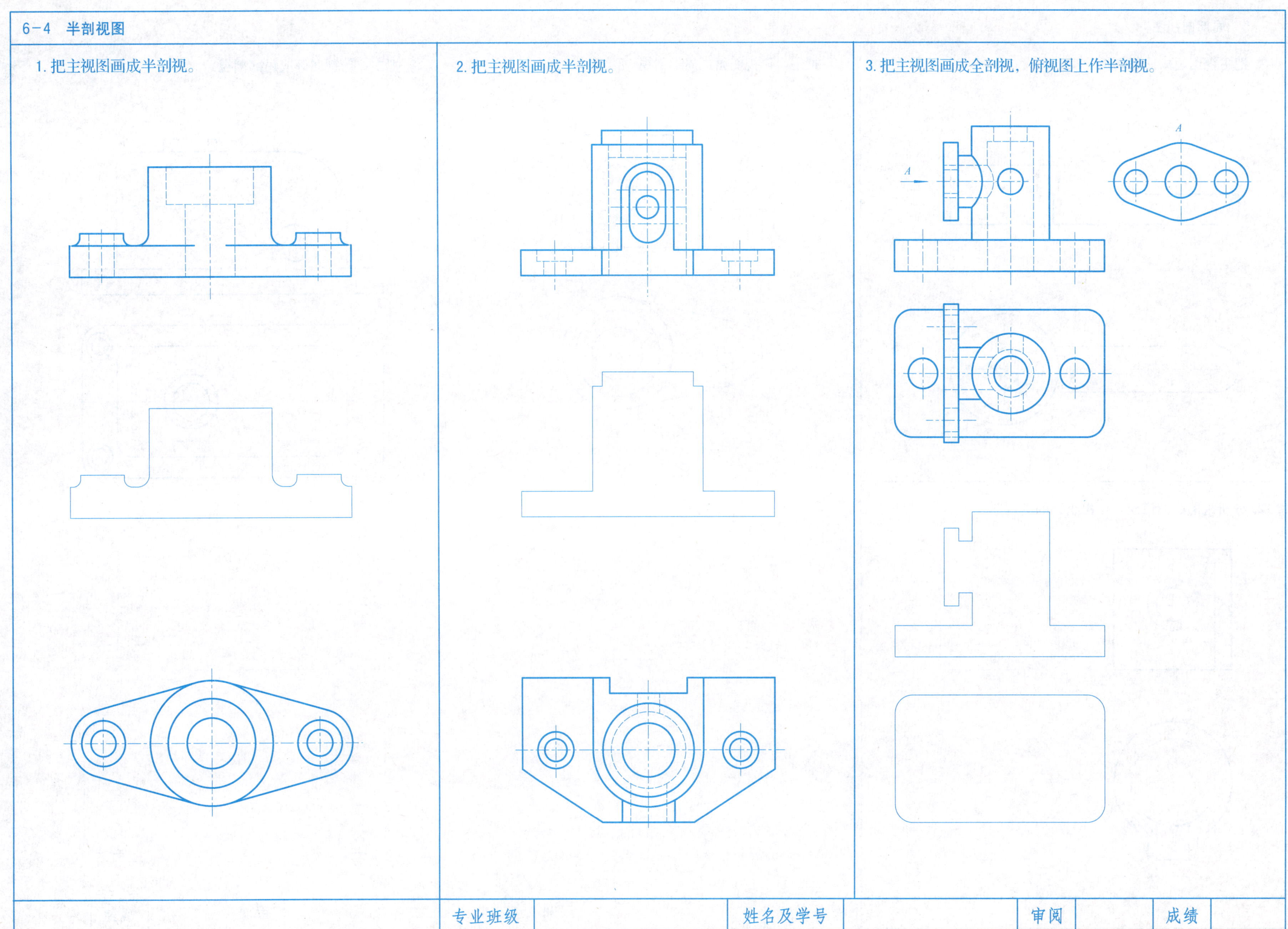

6-5 局部剖视图

1. 把主视图画成局部剖视。

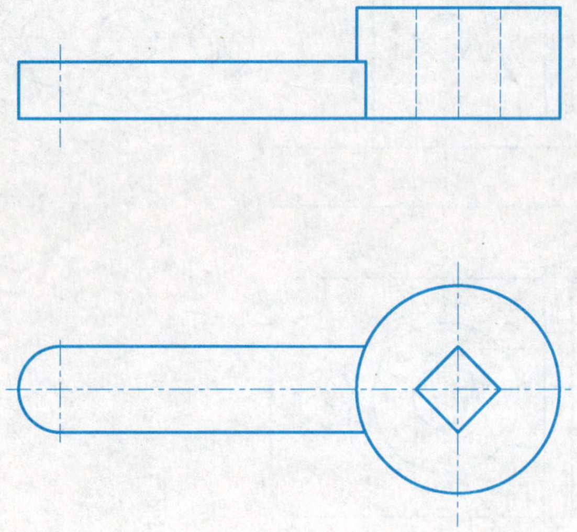

2. 分析视图中的错误，作出正确的剖视图。

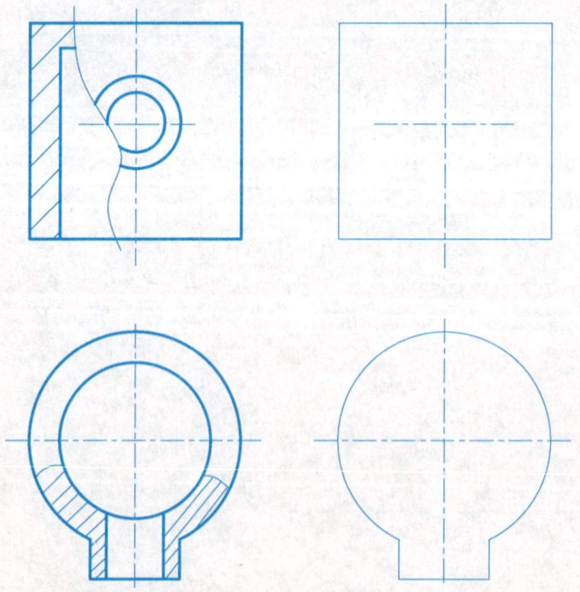

3. 把主、俯视图画成局部剖视。

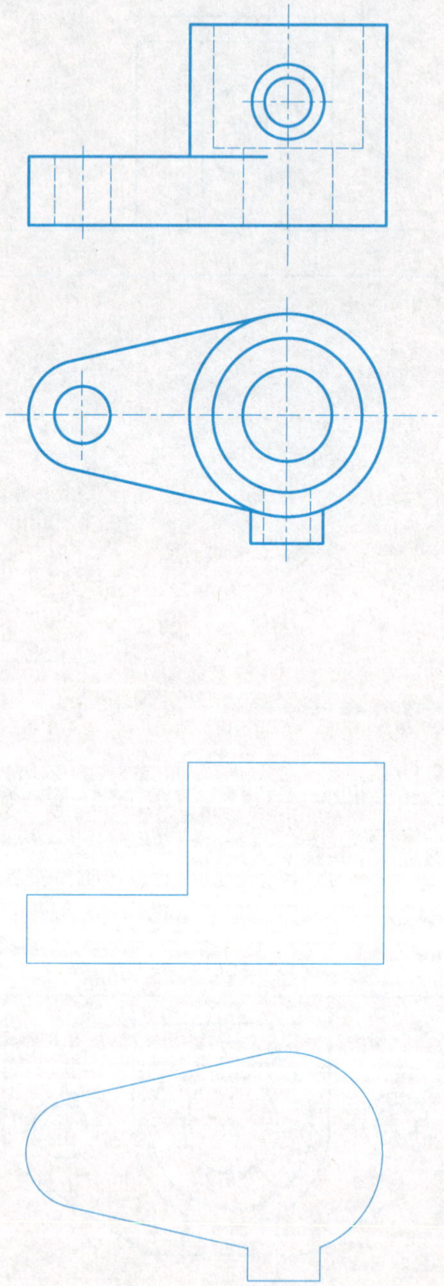

4. 把主、俯视图画成局部剖视。

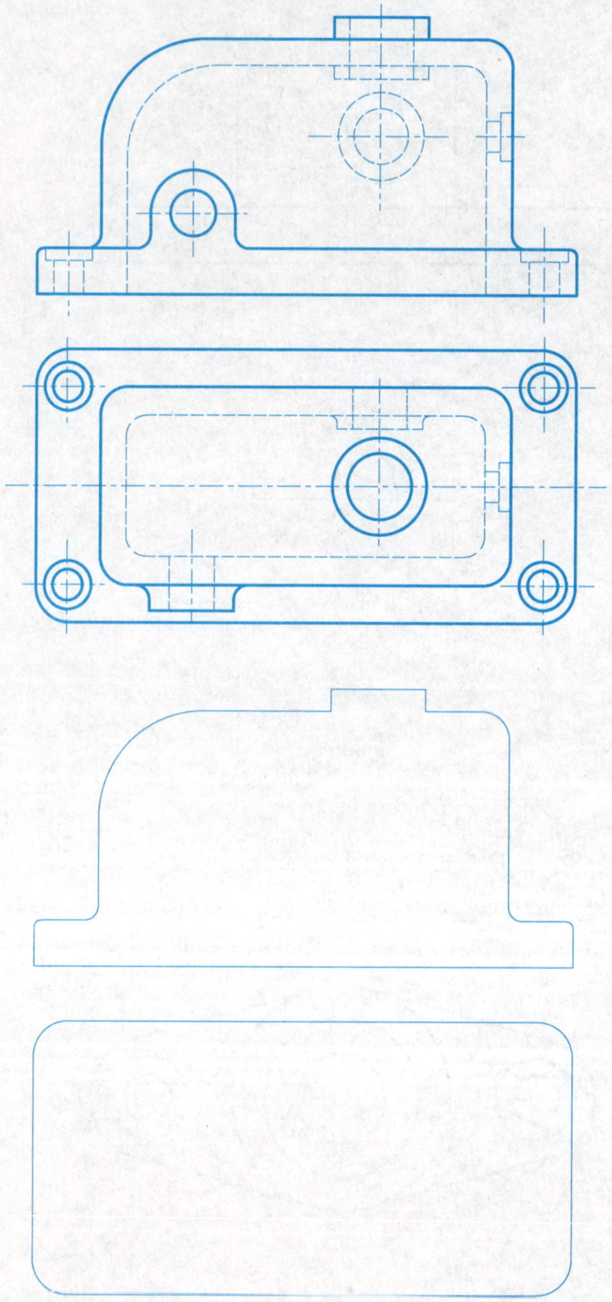

专业班级		姓名及学号		审阅		成绩	

6-6 旋转剖或阶梯剖

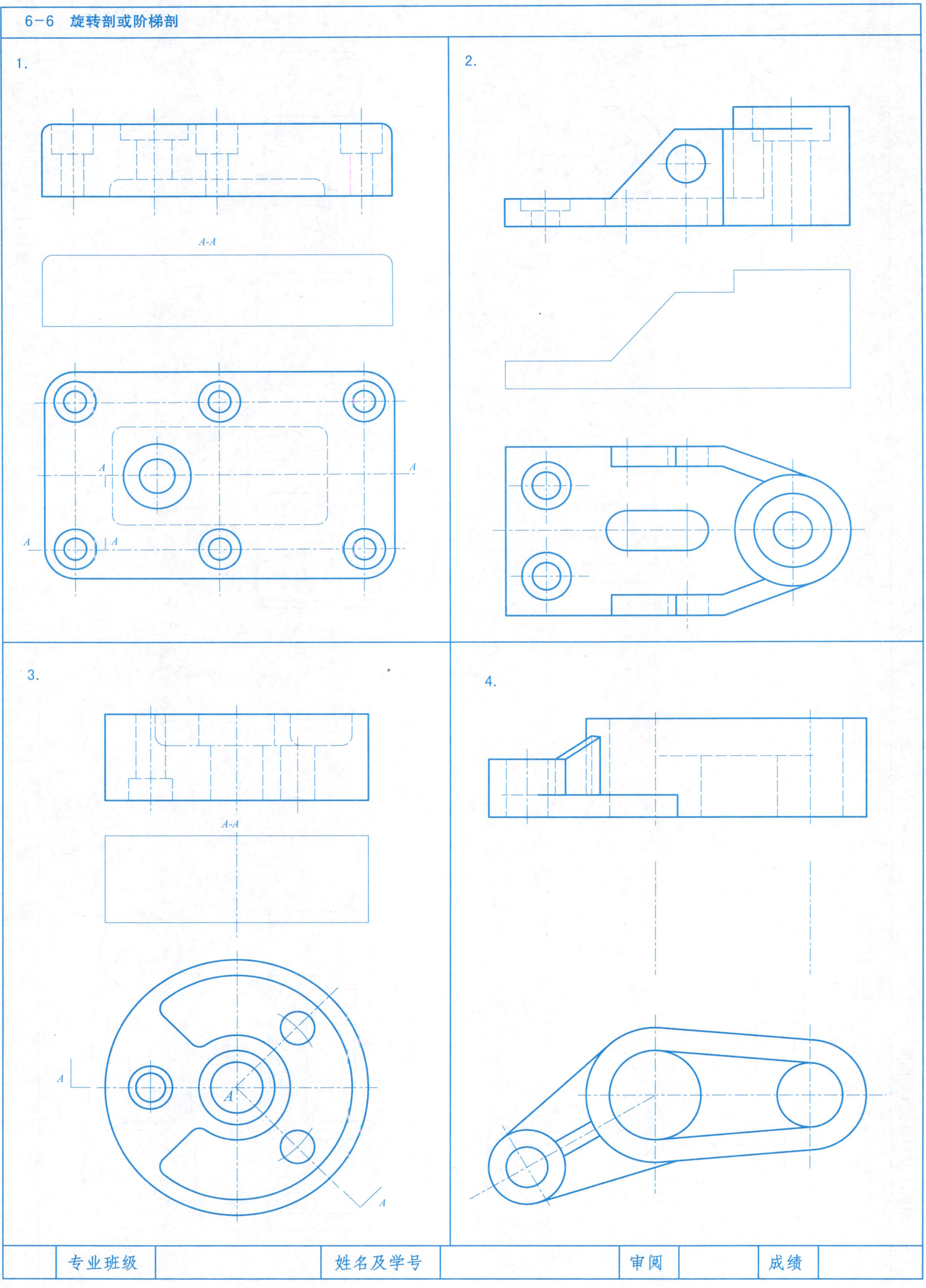

专业班级		姓名及学号		审阅		成绩	

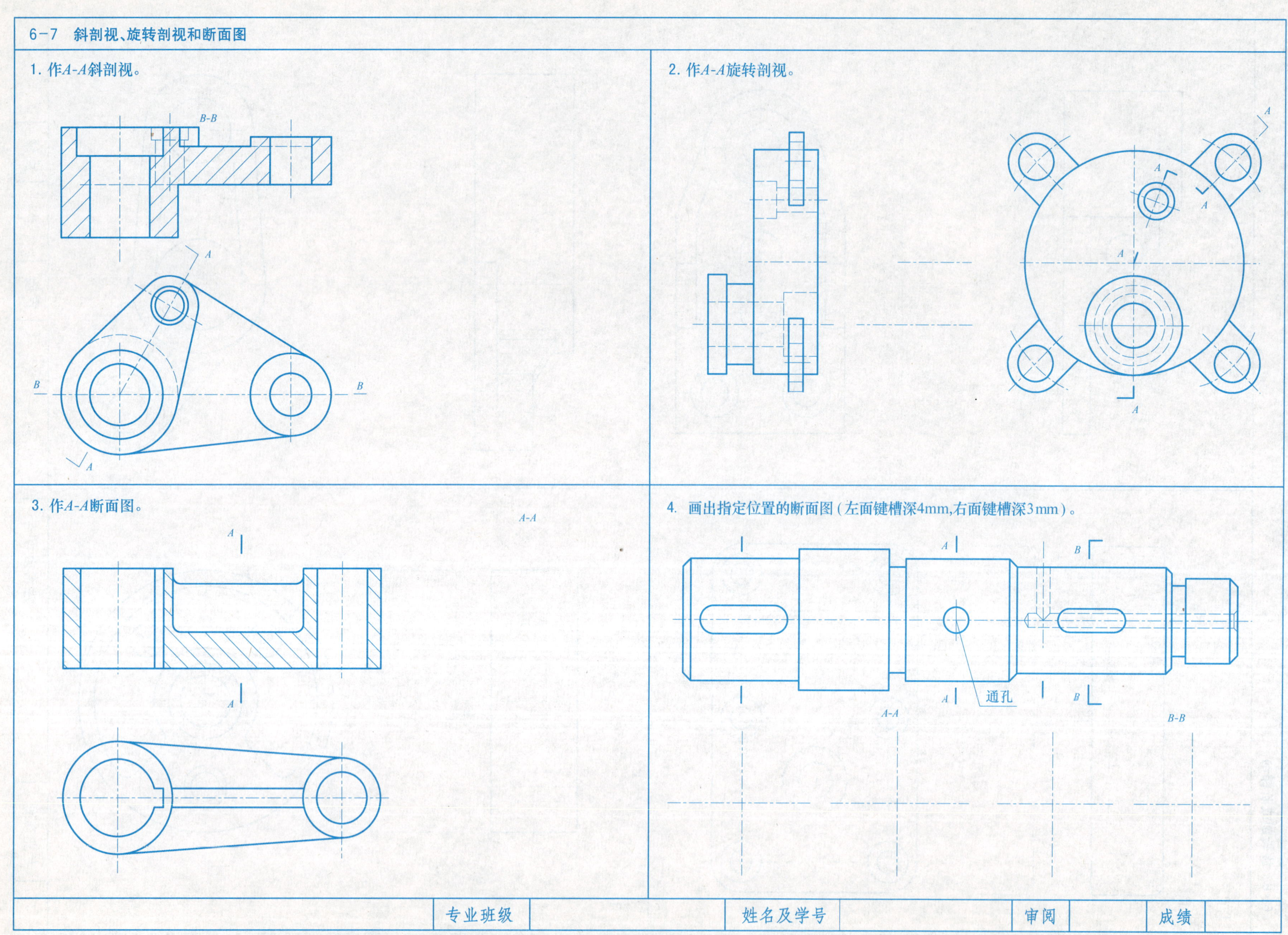
6-7 斜剖视、旋转剖视和断面图
1. 作A-A斜剖视。
B-B
A
B
B
A
2. 作A-A旋转剖视。
A
A
A
A
A
3. 作A-A断面图。
A-A
A
A
4. 画出指定位置的断面图(左面键槽深4mm,右面键槽深3mm)。
A
B
通孔
A
B
A-A
B-B
专业班级
姓名及学号
审阅
成绩

6-8 形体表达方法徒手作图练习

1. 选择合适的剖视方法，补画左视图，并标注尺寸（从图中按1:1量取整数）。

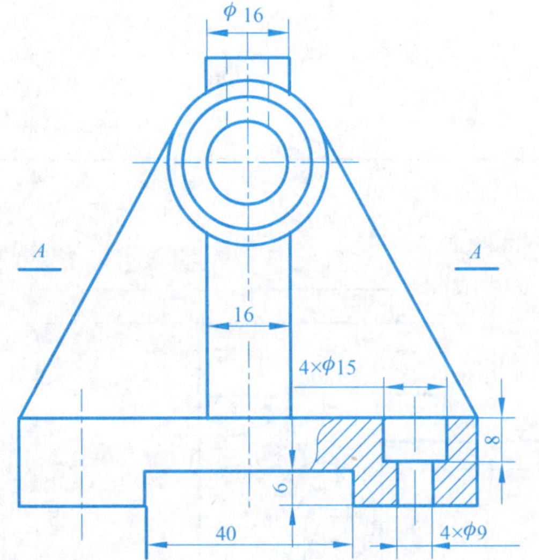

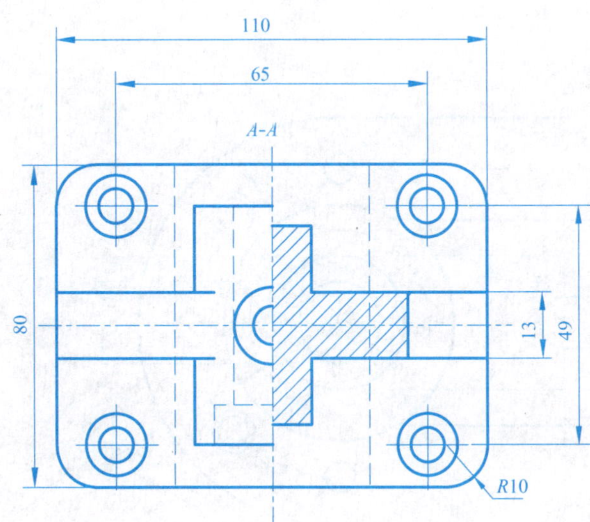

2. 根据所给的视图，用合适的表达方法绘制机件，并标注尺寸。要求在A3纸上，徒手绘制，比例自定。

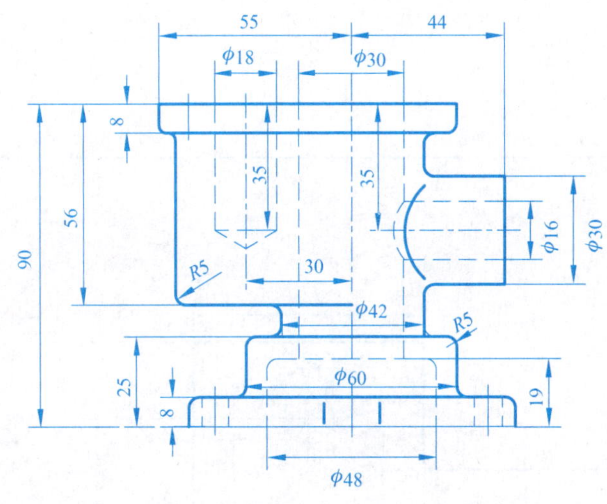

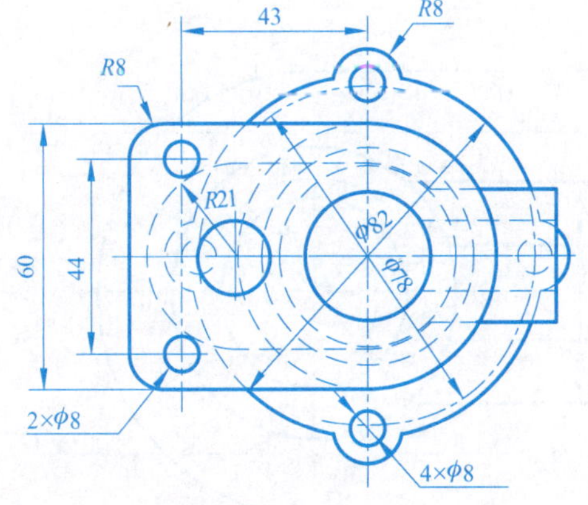

未注圆角为$R2\sim R4$

专业班级		姓名及学号		审阅		成绩	

6-9 形体表达方法及 Solid3000 造型综合练习

一、作业内容及要求

1. 根据所给机件的视图，选用适当的表达方法重新绘制机件的工程图，并标注尺寸。
2. 任选其中一题绘制在图纸上，另一题用Solid3000工程图模块进行绘制。
3. 图名：零件表达方法，图幅和比例自定。

二、仪器绘图步骤与注意事项

1. 对所给视图作形体分析,在此基础上选择表达方案。
2. 根据规定的图幅和比例,合理布置视图的位置。
3. 画图时要注意将视图改画成适当的剖视图,并按需要画出断面图和其他视图并作适当配置,标注和调整各部分尺寸。
4. 经仔细校核后用铅笔加深。

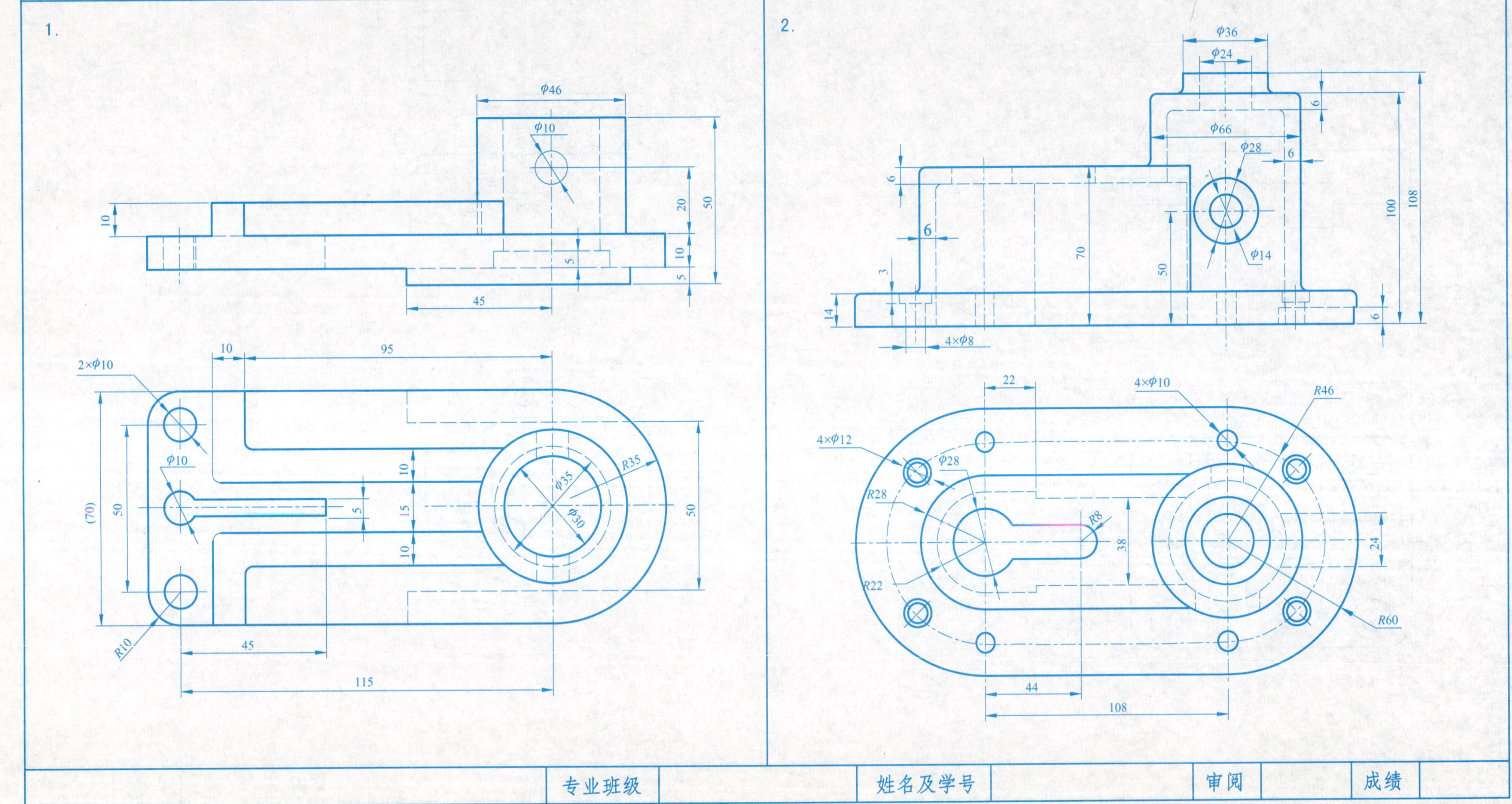

专业班级		姓名及学号		审阅		成绩	

6-10 形体表达方法自测题(一)

1. 已知立体的主视图和俯视图，它的4个左视图画得正确的是(　)。

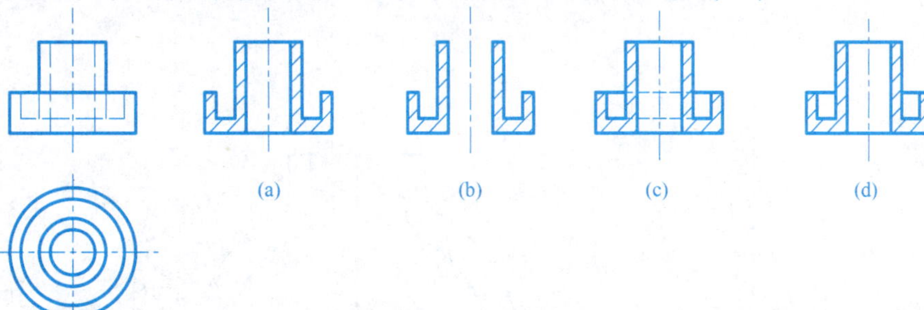

(a)　(b)　(c)　(d)

2. 已知立体的主视图和俯视图，它的4个左视图画得正确的是(　)。

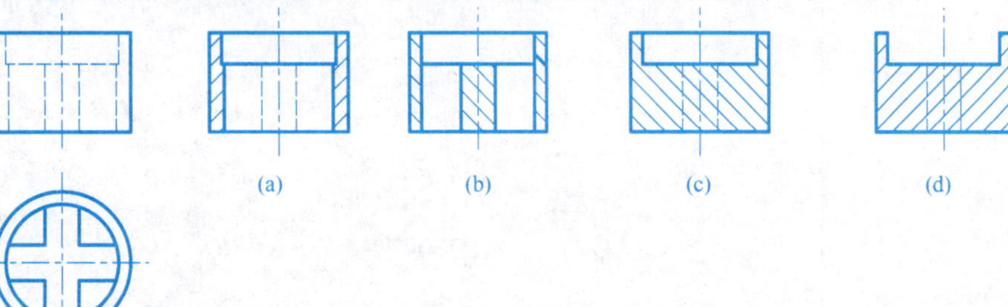

(a)　(b)　(c)　(d)

3. 已知立体的主视图和俯视图，下列3种主视图的全剖视图中，画得正确的是(　)。

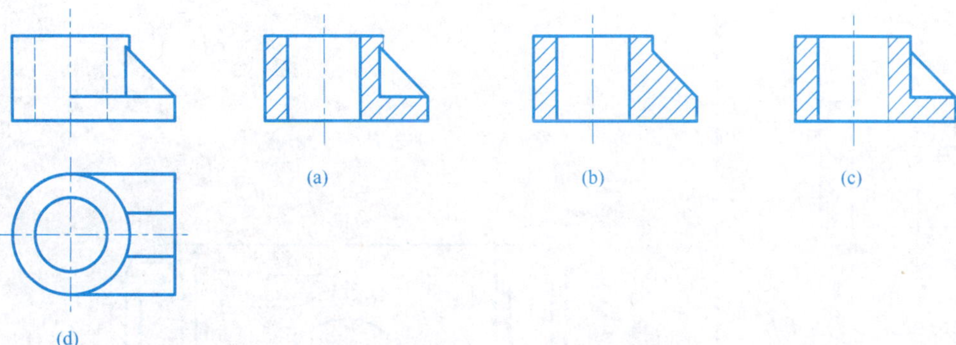

(a)　(b)　(c)　(d)

4. 右边是4种不同零件的局部剖视图，哪几组局部剖视图是正确的？(　)。

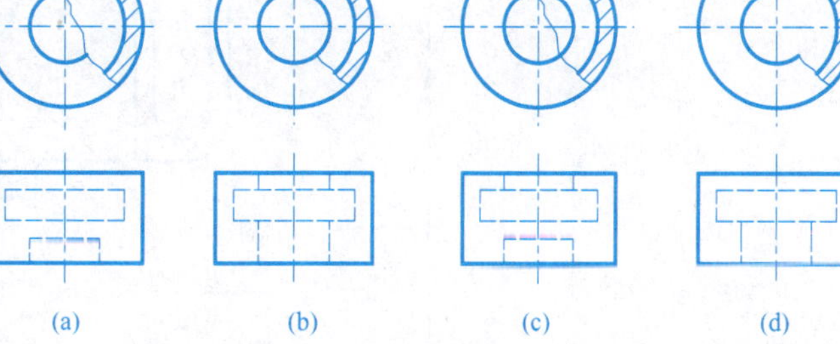

(a)　(b)　(c)　(d)

5. 下列4组剖视图中，哪一判断是正确的？(　)

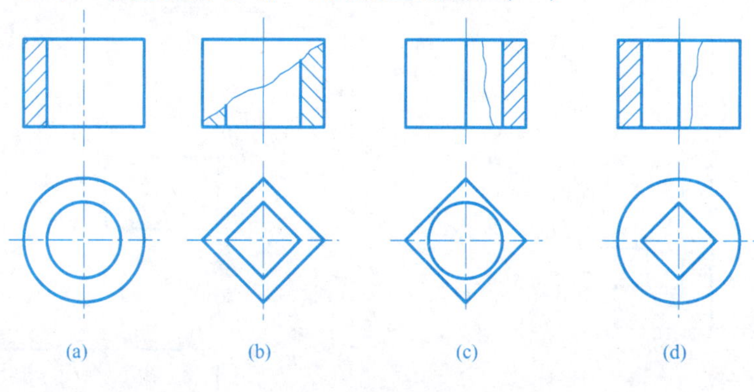

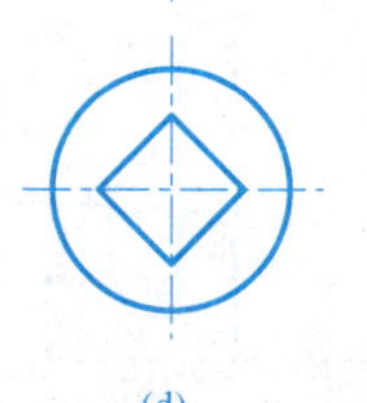

(a)　(b)　(c)　(d)

(1) (a)正确；
(2)(c)(d)正确；
(3)只有(b)错；
(4)4组图都正确。

6. 下列4组移出断面图中，哪一组是正确的？(　)

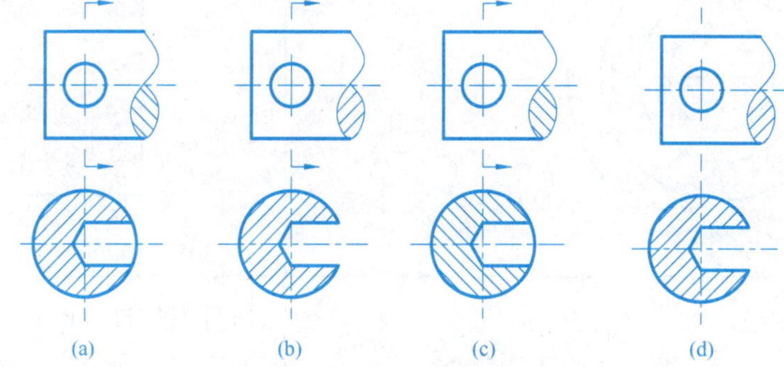

(a)　(b)　(c)　(d)

7. 下列4组重合断面图中，哪一组是正确的？(　)

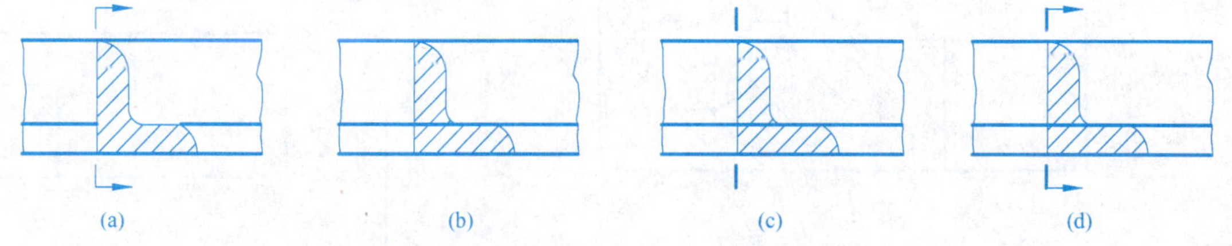

(a)　(b)　(c)　(d)

8. 对4种不同的A-A移出断面图有如下判断，哪一种判断是正确的？(　)

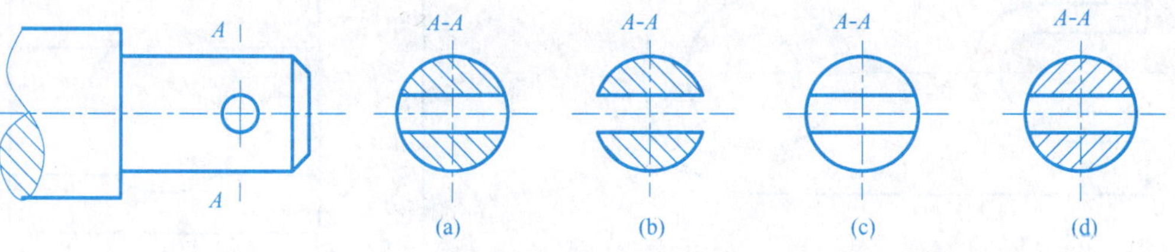

(a)　(b)　(c)　(d)

(1) (a)(d)正确；(2)(a)(c)正确；(3)只有(b)正确；(4)只有(b)正确。

专业班级		姓名及学号		审阅		成绩	

6-11 形体表达方法自测题(二)

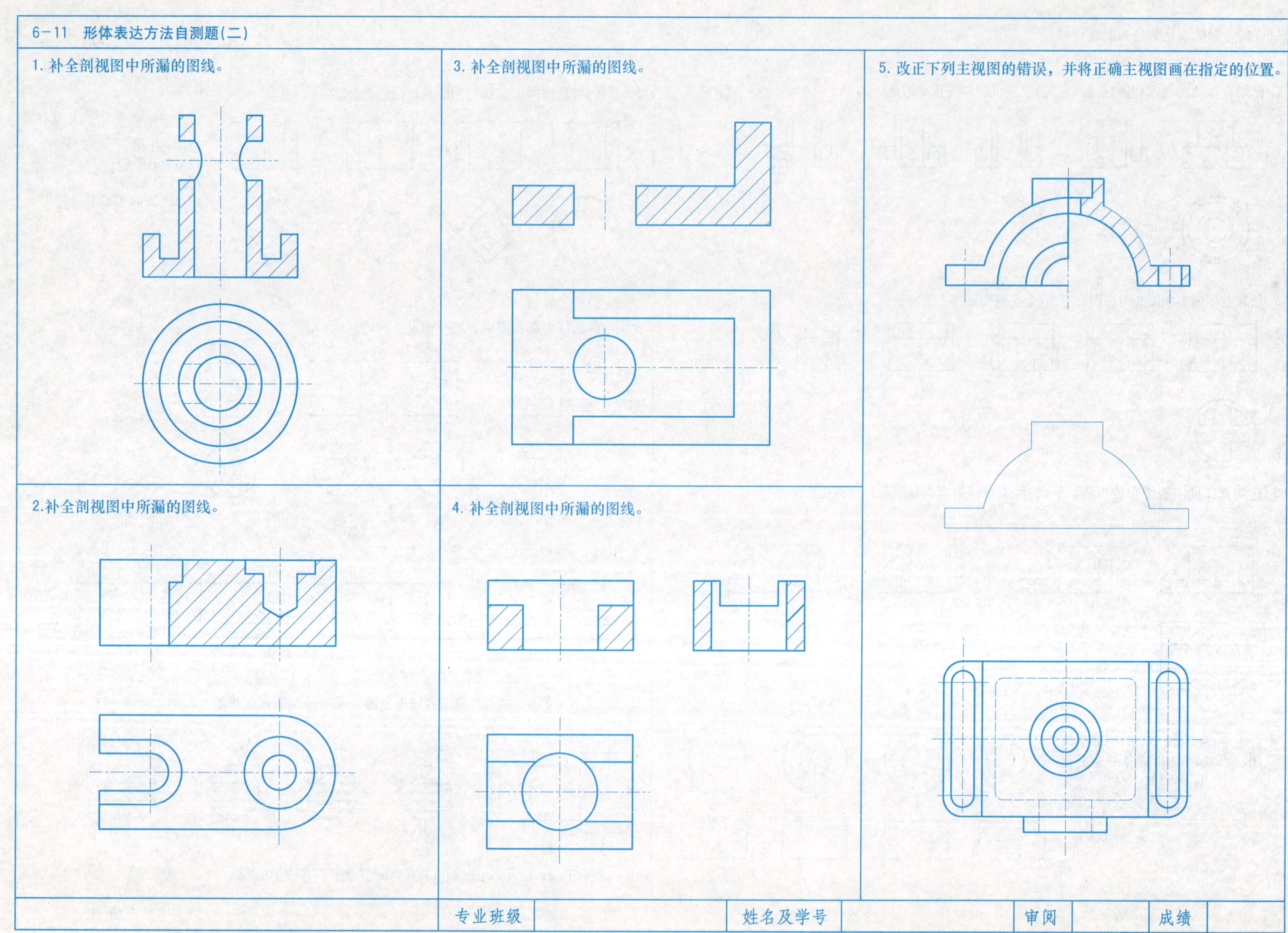

专业班级		姓名及学号		审阅		成绩	

第七章 标准件与常用件

7-1 螺纹

1. 按规定画法，在指定位置绘制螺纹的主、左两视图。

(1)外螺纹:大径M20，螺纹长30，螺杆长40，螺纹倒角C2。

(2)内螺纹:大径M20，螺纹长30，钻孔深40，螺纹倒角C2。

2. 将上述内、外螺纹旋合,旋入长度为20，画出螺纹联接的主视图。

3. 根据给出的螺纹条件，进行标注。

(1)粗牙普通螺纹，大径30mm，单线右旋。

(2)圆柱管螺纹，尺寸代号3/4。

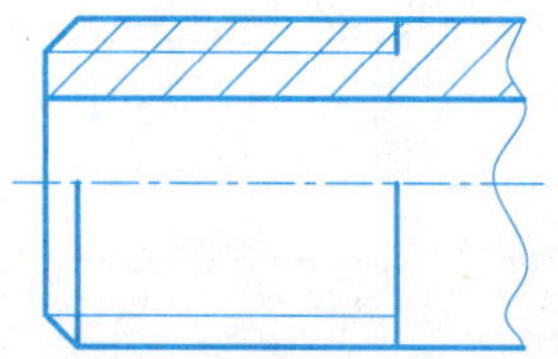

(3)梯形螺纹，公称直径32mm，螺距6mm，双线，左旋。

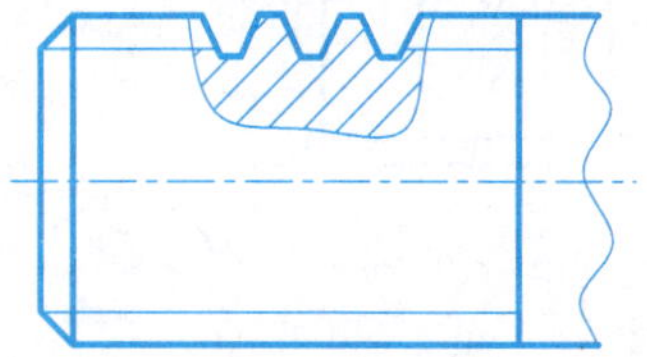

(4)细牙普通螺纹，单线，右旋，中顶径公差带6H，公称直径30mm，螺距1.5mm。

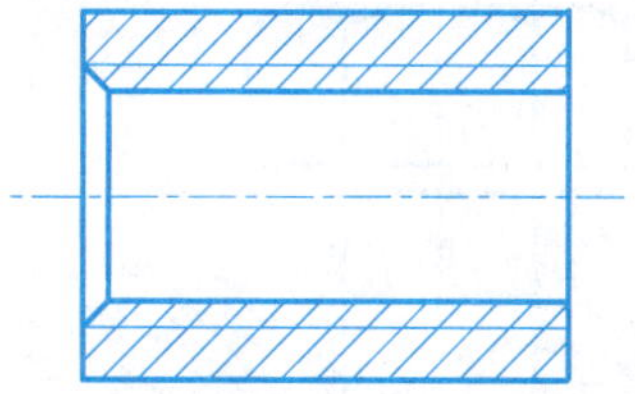

4. 根据螺纹的标注，查表填空。

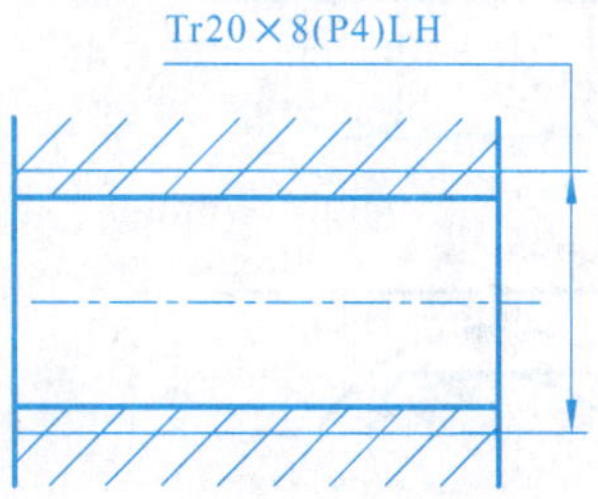

Tr20×8(P4)LH

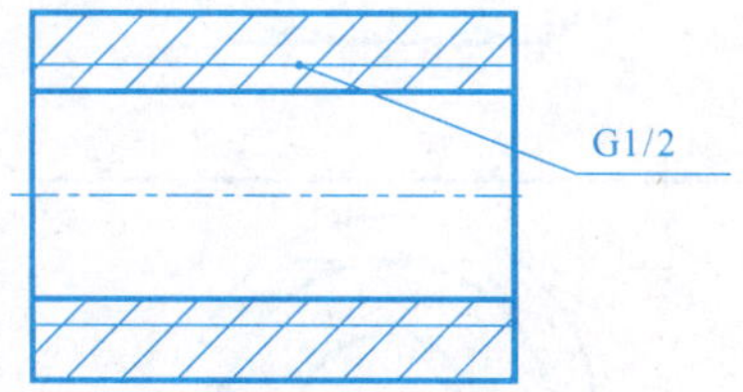

G1/2

(1)该螺纹为__________
公称直径为_____螺距为_____
线数为_____旋向为_____。

(2)该螺纹为__________
尺寸代号为_____螺距为_____
每25.4mm内的牙数为_____旋向为_____。

专业班级		姓名及学号		审阅		成绩	

7-2 螺纹紧固件

1. 根据已知条件查表填写螺纹联接件的尺寸并标注。

(1)A型双头螺柱(GB/T 899)：公称直径为12mm，公称长度50mm。

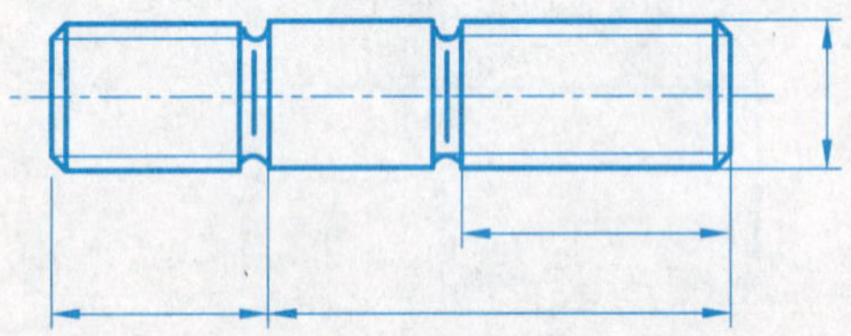

标记 ______

(2)六角头螺栓：公称直径为12mm，公称长度40mm。

标记 ______

2. 找出下列螺纹联接件的画法错误，并在指定位置画出正确的图形。

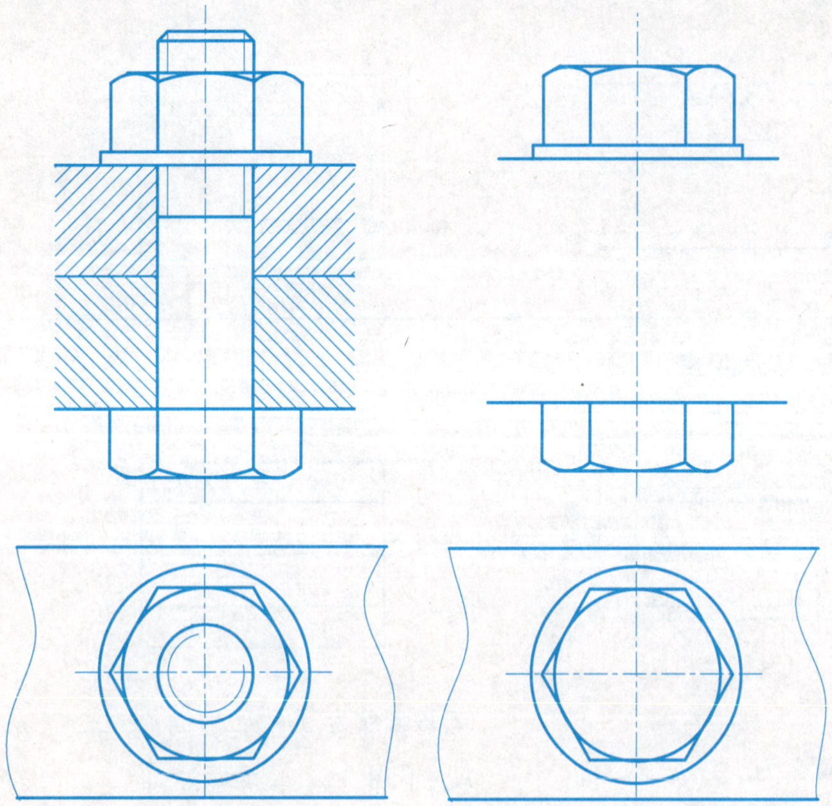

3. 已知螺钉GB/T 65 M8×25，用比例画法作出联接后的主、俯视图 (2∶1)。

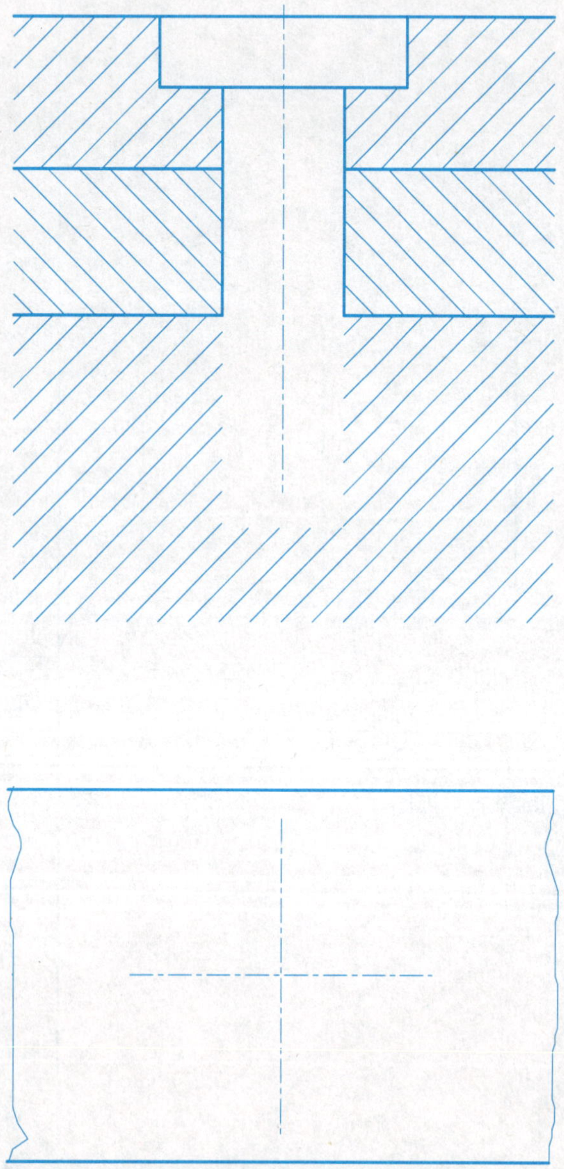

4. 已知螺柱GB/T 898—1988 16×60，螺母GB/T 6170—2000 M16，垫圈GB/T 97.1—2002-16，用比例画法作出联接后的主、俯视图(1∶1)。

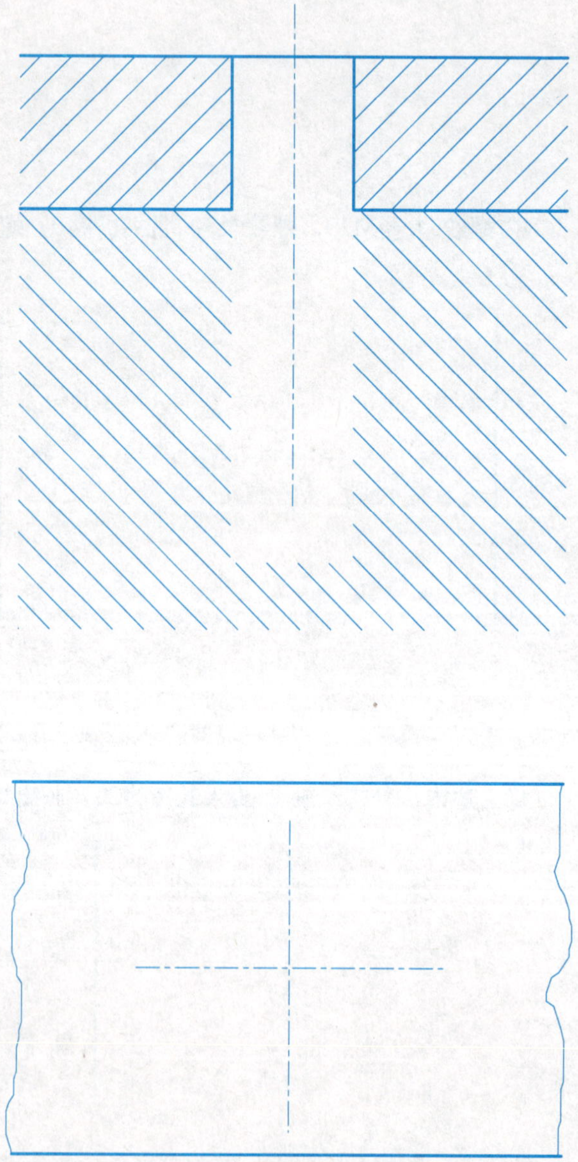

专业班级		姓名及学号		审阅		成绩	

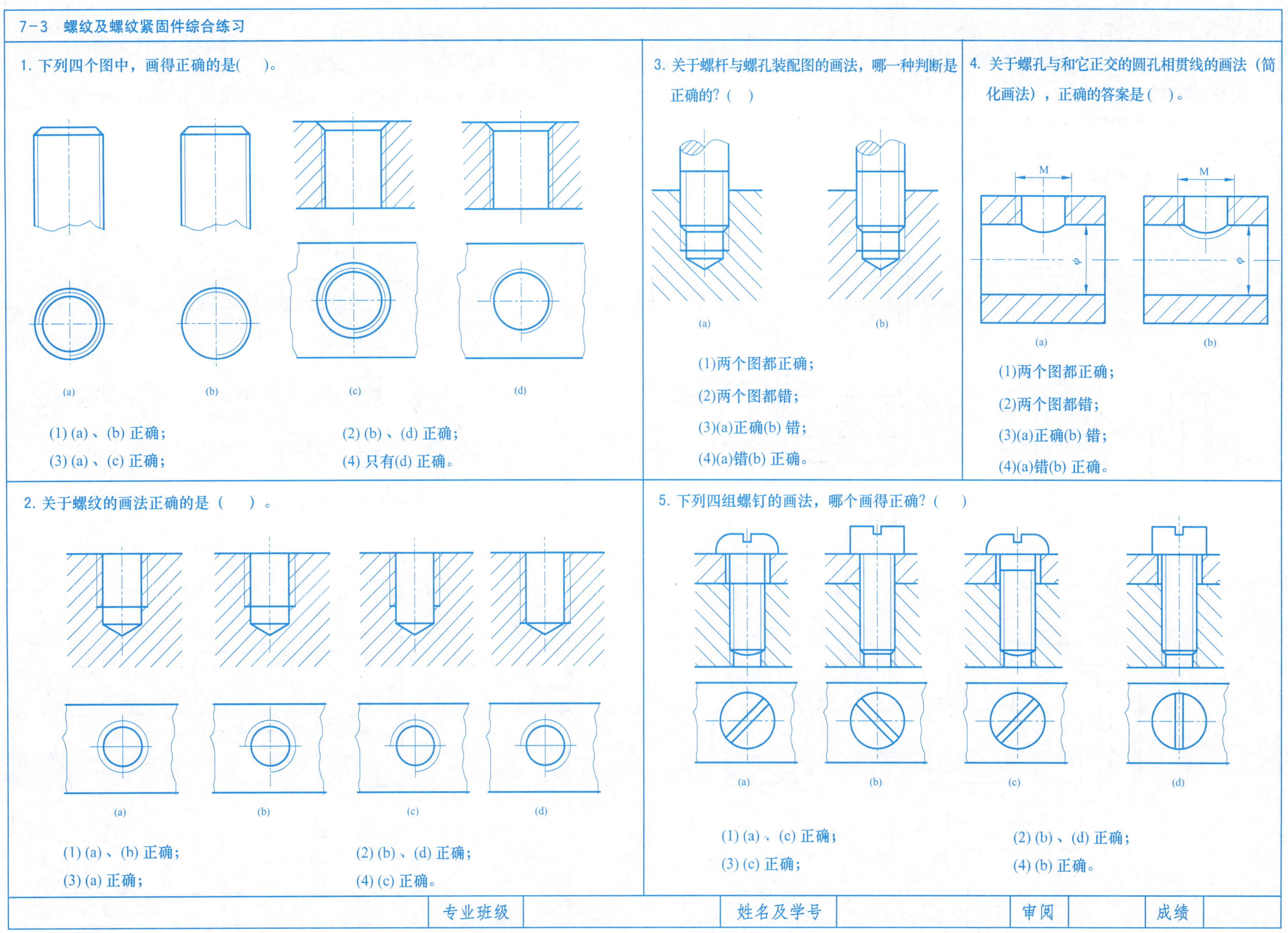

7-3 螺纹及螺纹紧固件综合练习

1. 下列四个图中，画得正确的是(　)。

(1) (a)、(b) 正确；　　(2) (b)、(d) 正确；

(3) (a)、(c) 正确；　　(4) 只有(d) 正确。

3. 关于螺杆与螺孔装配图的画法，哪一种判断是正确的？(　)

(1)两个图都正确；

(2)两个图都错；

(3)(a)正确(b) 错；

(4)(a)错(b) 正确。

4. 关于螺孔与和它正交的圆孔相贯线的画法（简化画法），正确的答案是(　)。

(1)两个图都正确；

(2)两个图都错；

(3)(a)正确(b) 错；

(4)(a)错(b) 正确。

2. 关于螺纹的画法正确的是（　）。

(1) (a)、(b) 正确；　　(2) (b)、(d) 正确；

(3) (a) 正确；　　(4) (c) 正确。

5. 下列四组螺钉的画法，哪个画得正确？(　)

(1) (a)、(c) 正确；　　(2) (b)、(d) 正确；

(3) (c) 正确；　　(4) (b) 正确。

专业班级		姓名及学号		审阅		成绩	

7-4 键、销

1. 已知齿轮和轴，用A型普通平键联接，轴孔直径为24mm，键的长度为20mm。

(1)写出键的规定标记；

(2)查表确定键和键槽的尺寸，用1∶1画全下列各视图和断面图，并标注键槽的尺寸。

键的规定标记为 ____________

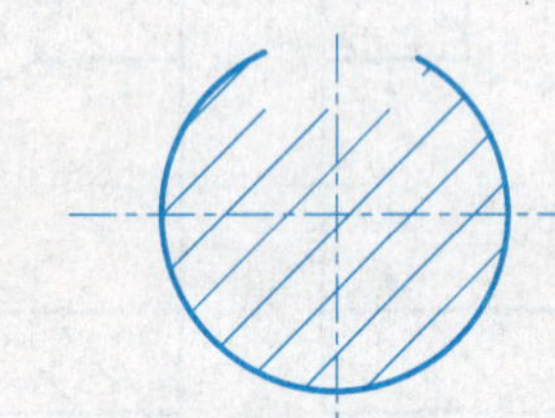

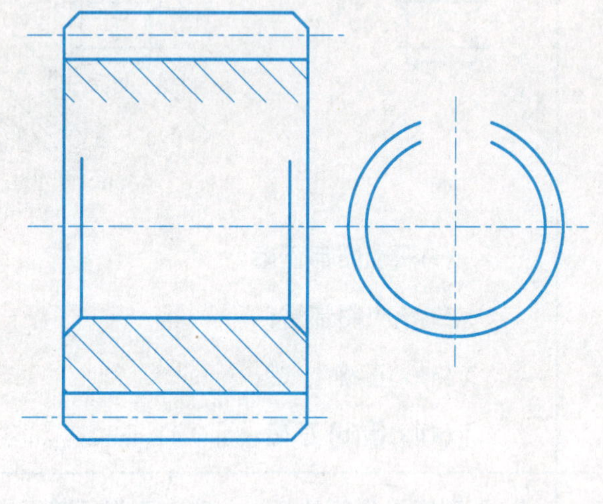

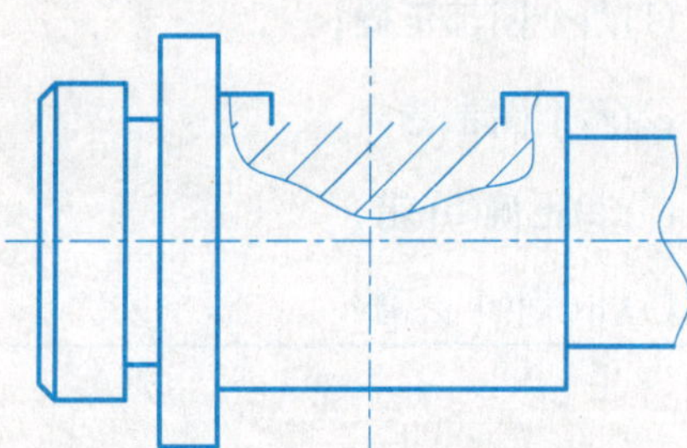

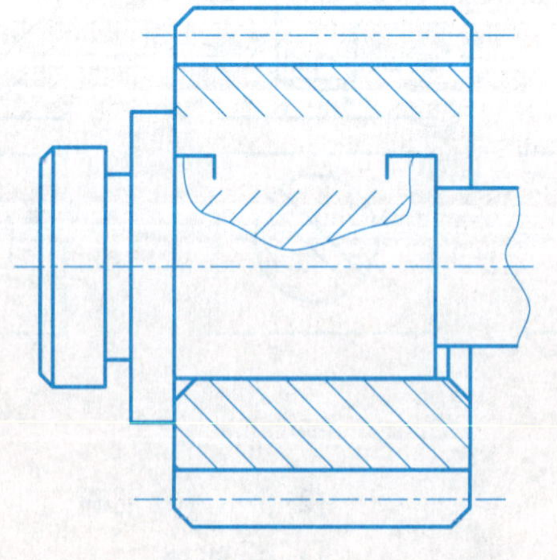

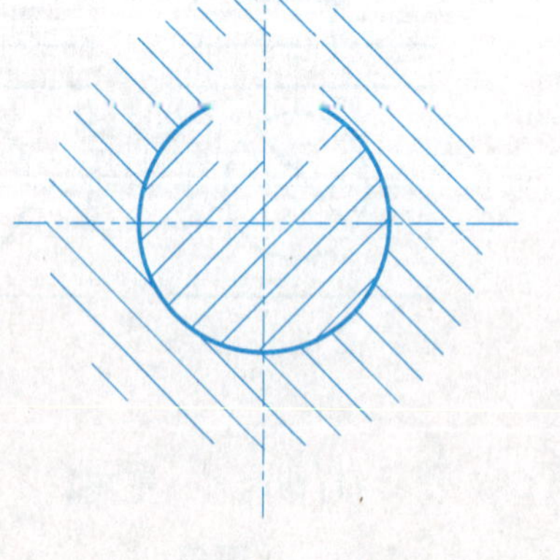

2. 销及销联接。

(1)选出适当长度的ϕ5圆锥销，画出销联接的装配图，并写出销的规定标记。

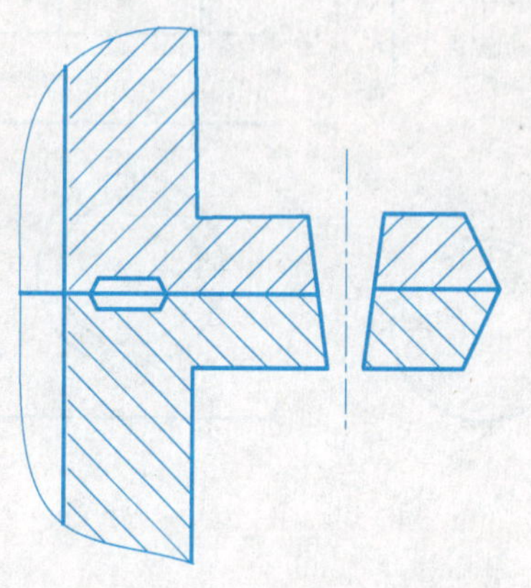

规定标记为 ____________

(2)选出适当长度的ϕ6圆柱销，画出销联接的装配图，并写出销的规定标记。

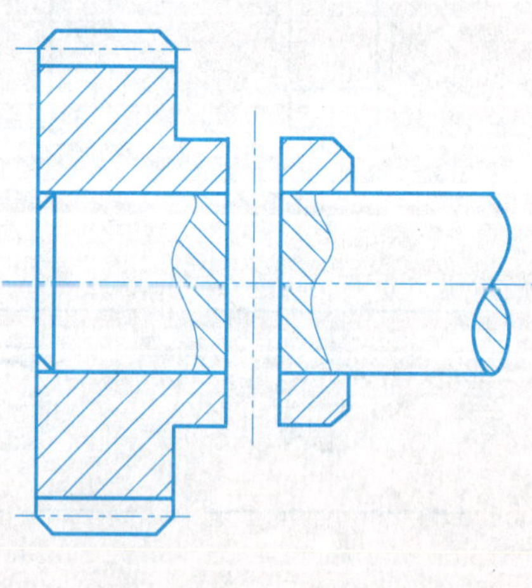

规定标记为 ____________

专业班级		姓名及学号		审阅		成绩	

7-5 齿轮

1. 已知直齿圆柱齿轮模数$m=8$，齿数$z=27$，试计算该圆的分度圆，齿顶圆和齿根圆的直径，用1：2的比例完成下列两视图，并注尺寸（轮齿部分倒角为$C3$）。

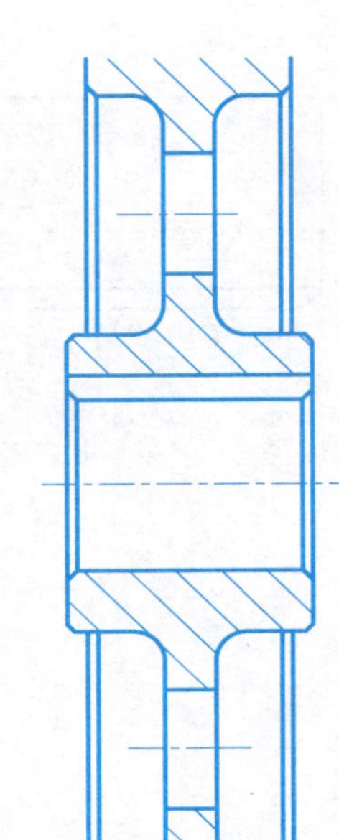

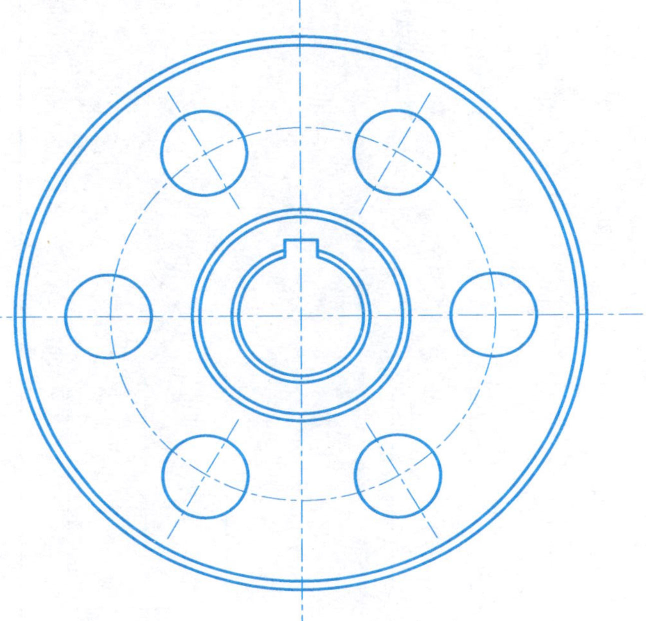

2. 已知大齿轮模数$m=6$，齿数$z=25$，两齿轮的中心距为102mm，试计算大小两齿轮的分度圆、齿顶圆和齿根圆直径及传动比，用1：2的比例完成下列两视图。

分度圆直径

$d_1=$

$d_2=$

齿顶圆直径

$d_{a1}=$

$d_{a2}=$

齿根圆直径

$d_{f1}=$

$d_{f2}=$

$i=$

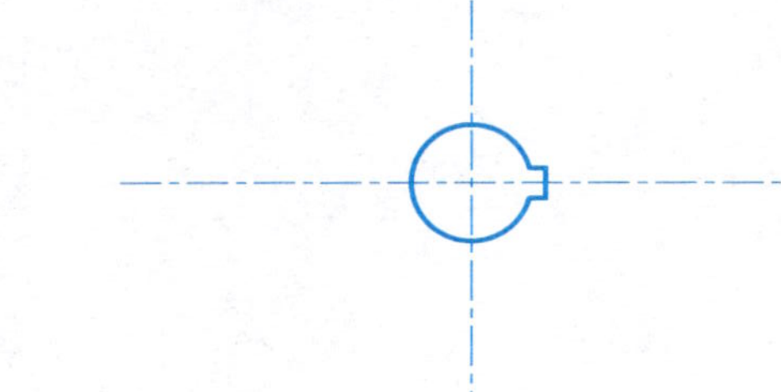

专业班级		姓名及学号		审阅		成绩	

7-6 弹簧、滚动轴承

1. 已知圆柱螺旋压缩弹簧的簧丝直径为5mm，弹簧外径为55mm，节距为10mm，有效圈数为7，支承圈数为2.5，按1：1比例画出弹簧的全剖视图并标注尺寸，计算簧丝的展开长度。

2. 解释下列滚动轴承代号的含义。

61805

内 径 ________

尺寸系列 ________

轴承类型 ________

30306

内 径 ________

尺寸系列 ________

轴承类型 ________

51306

内 径 ________

尺寸系列 ________

轴承类型 ________

3. 滚动轴承代号为：6205 GB/T 276—1994，查表确定其尺寸，并用规定画法在轴端画出轴承与轴的装配图。

查表得滚动轴承6205尺寸：

$d=$

$D=$

$B=$

4. 滚动轴承代号为：30306 GB/T 297—1994，查表确定其尺寸，并用规定画法在轴端画出轴承与轴的装配图。

查表得滚动轴承30306尺寸：

$d=$

$D=$

$T=$

$B=$

$c=$

专业班级		姓名及学号		审阅		成绩	

7-7 Solid3000 标准件库练习

利用solid 3000标准件库组装下列轴系部件。

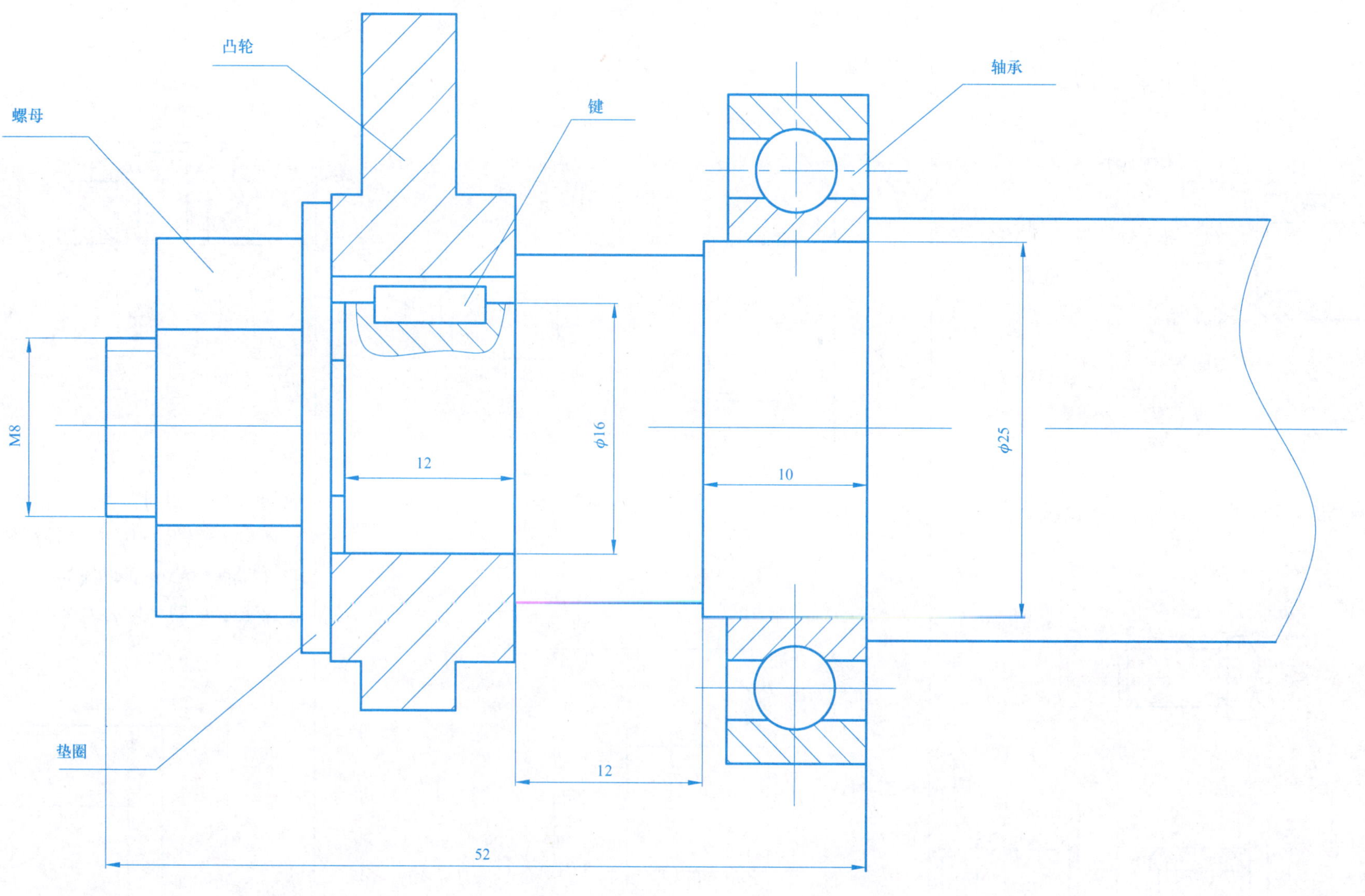

专业班级		姓名及学号		审阅		成绩	

第八章 零 件 图

8-1 表面粗糙度、公差配合及形位公差

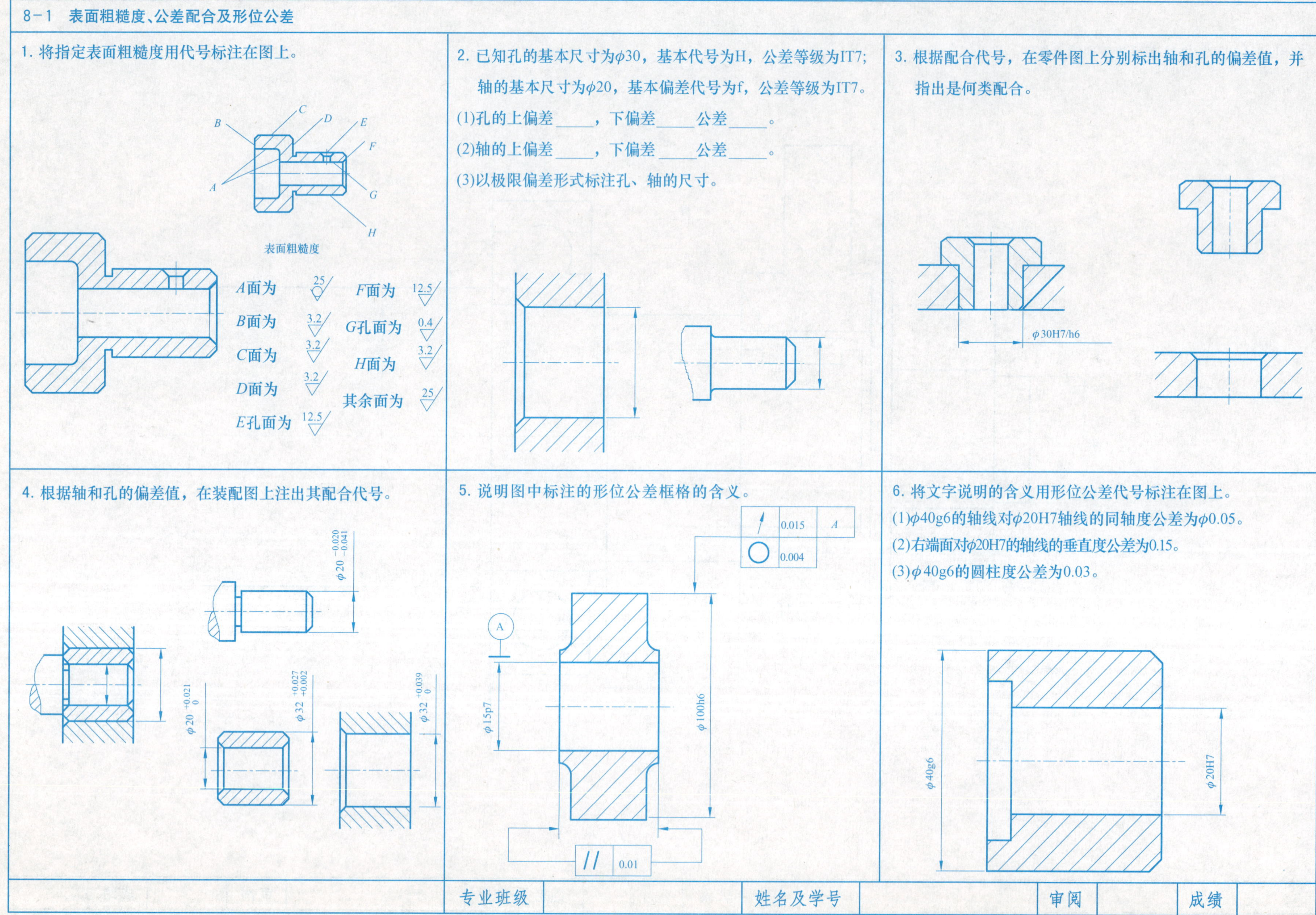

1. 将指定表面粗糙度用代号标注在图上。

2. 已知孔的基本尺寸为$\phi 30$，基本代号为H，公差等级为IT7；轴的基本尺寸为$\phi 20$，基本偏差代号为f，公差等级为IT7。

(1)孔的上偏差____，下偏差____公差____。

(2)轴的上偏差____，下偏差____公差____。

(3)以极限偏差形式标注孔、轴的尺寸。

3. 根据配合代号，在零件图上分别标出轴和孔的偏差值，并指出是何类配合。

4. 根据轴和孔的偏差值，在装配图上注出其配合代号。

5. 说明图中标注的形位公差框格的含义。

6. 将文字说明的含义用形位公差代号标注在图上。

(1)$\phi 40g6$的轴线对$\phi 20H7$轴线的同轴度公差为$\phi 0.05$。

(2)右端面对$\phi 20H7$的轴线的垂直度公差为0.15。

(3)$\phi 40g6$的圆柱度公差为0.03。

专业班级 | 姓名及学号 | 审阅 | 成绩

8-2 零件图阅读、绘制及CAD三维造型(一)

1. 看懂零件图，想象该零件的结构形状，完成填空题；用Solid3000进行零件造型并绘制零件图。

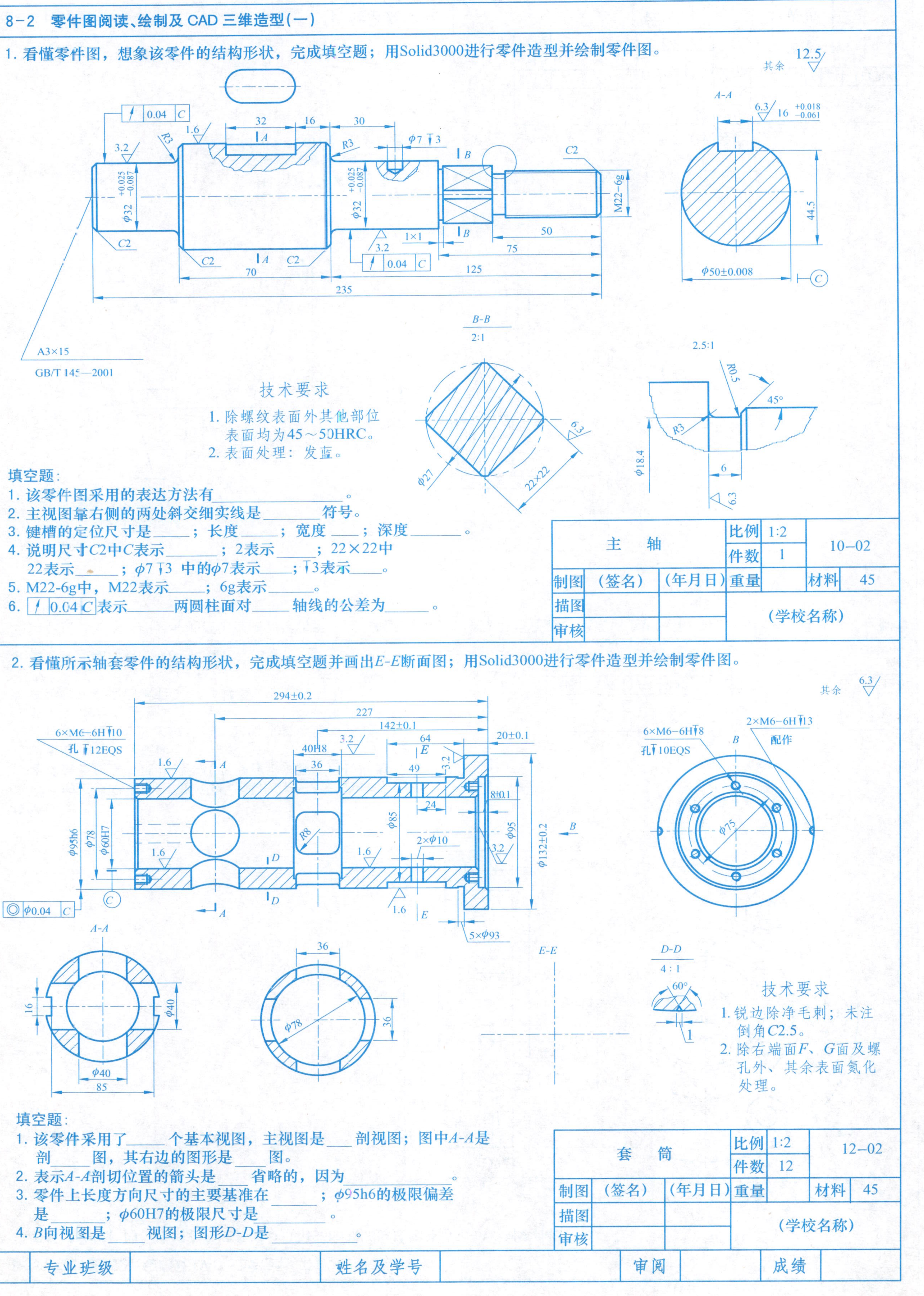

填空题：

1. 该零件图采用的表达方法有________。
2. 主视图靠右侧的两处斜交细实线是______符号。
3. 键槽的定位尺寸是____；长度____；宽度___；深度______。
4. 说明尺寸C2中C表示______；2表示____；22×22中22表示______；φ7↧3 中的φ7表示____；↧3表示____。
5. M22-6g中，M22表示____；6g表示_____。
6. [↗ 0.04 C]表示_____两圆柱面对____轴线的公差为_____。

主　轴			比例	1:2	10−02	
			件数	1		
制图	（签名）	（年月日）	重量		材料	45
描图			（学校名称）			
审核						

2. 看懂所示轴套零件的结构形状，完成填空题并画出E-E断面图；用Solid3000进行零件造型并绘制零件图。

填空题：

1. 该零件采用了____个基本视图，主视图是___剖视图；图中A-A是剖_____图，其右边的图形是____图。
2. 表示A-A剖切位置的箭头是____省略的，因为_____________。
3. 零件上长度方向尺寸的主要基准在______；φ95h6的极限偏差是______；φ60H7的极限尺寸是_______。
4. B向视图是_____视图；图形D-D是__________。

套　筒			比例	1:2	12−02	
			件数	12		
制图	（签名）	（年月日）	重量		材料	45
描图			（学校名称）			
审核						

专业班级		姓名及学号		审阅		成绩	

8-3 零件图阅读、绘制及 CAD 三维造型(二)

1. 看懂端盖零件图，绘制右视图并填空；用Solid3000完成零件造型并绘制零件图。

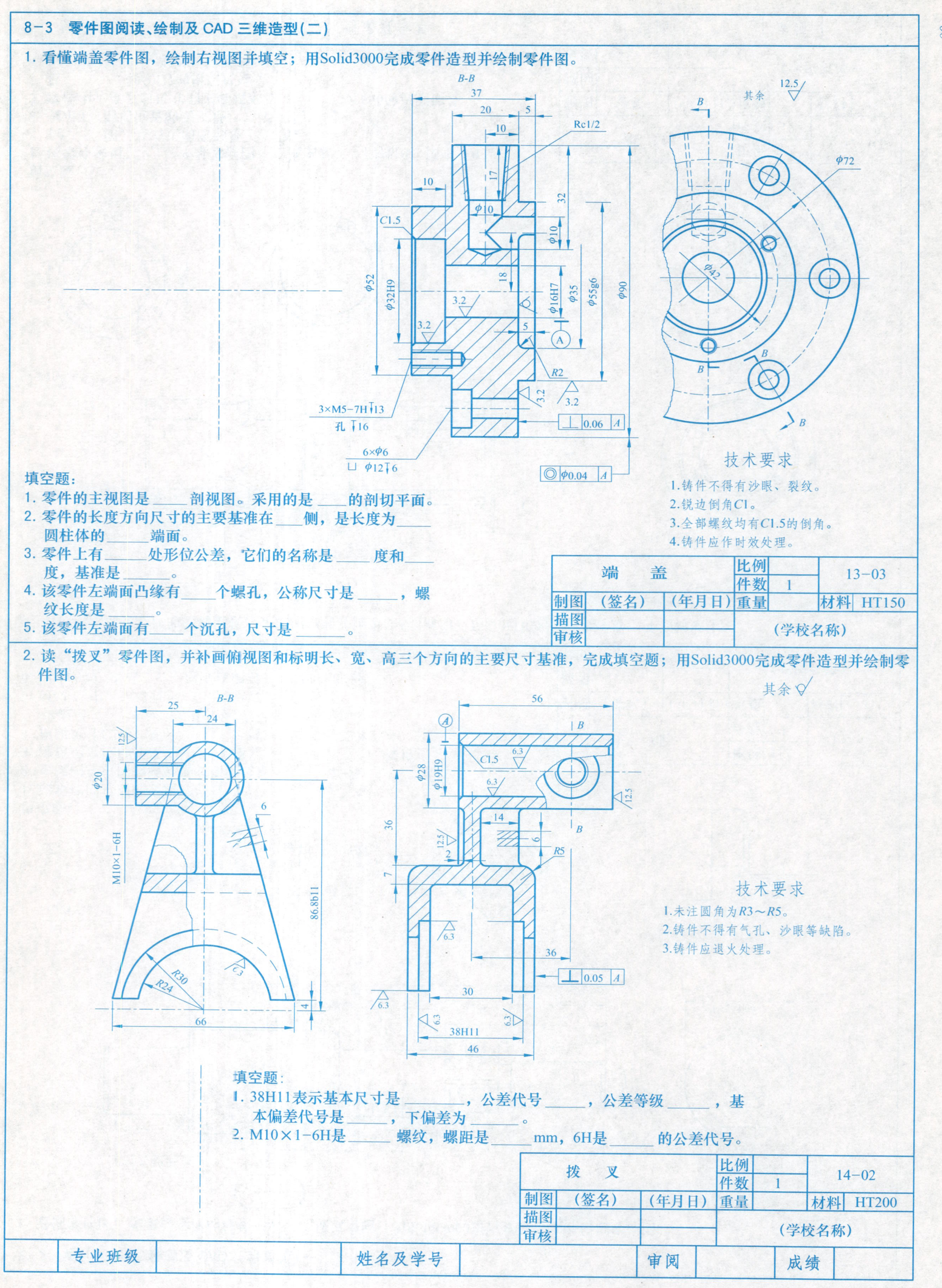

技术要求

1.铸件不得有沙眼、裂纹。
2.锐边倒角C1。
3.全部螺纹均有C1.5的倒角。
4.铸件应作时效处理。

端 盖			比例		13-03	
			件数	1		
制图	（签名）	（年月日）	重量		材料	HT150
描图			（学校名称）			
审核						

填空题：

1. 零件的主视图是_____剖视图。采用的是_____的剖切平面。
2. 零件的长度方向尺寸的主要基准在____侧，是长度为_____圆柱体的______端面。
3. 零件上有______处形位公差，它们的名称是_____度和____度，基准是______。
4. 该零件左端面凸缘有_____个螺孔，公称尺寸是______，螺纹长度是_______。
5. 该零件左端面有_____个沉孔，尺寸是_______。

2. 读“拨叉”零件图，并补画俯视图和标明长、宽、高三个方向的主要尺寸基准，完成填空题；用Solid3000完成零件造型并绘制零件图。

技术要求

1.未注圆角为$R3 \sim R5$。
2.铸件不得有气孔、沙眼等缺陷。
3.铸件应退火处理。

填空题：

1. 38H11表示基本尺寸是________，公差代号_____，公差等级______，基本偏差代号是______，下偏差为______。
2. M10×1-6H是______螺纹，螺距是_____mm，6H是______的公差代号。

拨 叉			比例		14-02	
			件数	1		
制图	（签名）	（年月日）	重量		材料	HT200
描图			（学校名称）			
审核						

专业班级		姓名及学号		审阅		成绩	

8-4 零件图阅读、绘制及 CAD 三维造型(三)

看懂零件图并完成主视图（外形）。

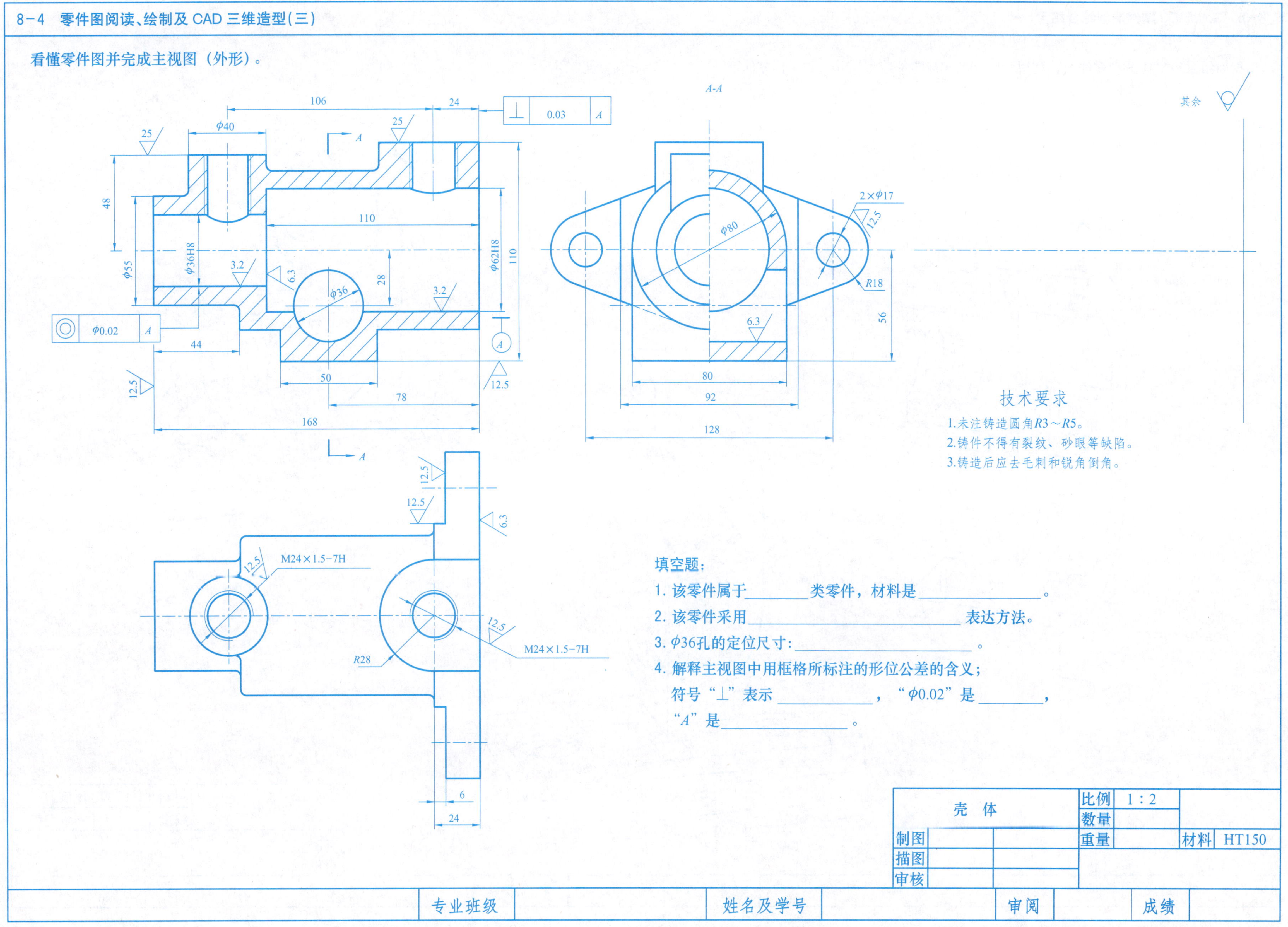

填空题：

1. 该零件属于________类零件，材料是______________。
2. 该零件采用__________________________表达方法。
3. $\phi 36$孔的定位尺寸：______________________。
4. 解释主视图中用框格所标注的形位公差的含义；

符号“⊥”表示____________，“$\phi 0.02$”是_______，

“A”是______________。

壳 体			比例	1∶2	
			数量		
制图			重量		材料 HT150
描图					
审核					

专业班级		姓名及学号		审阅		成绩	

8-5 Solid3000 零件造型综合练习(一)

根据所给泵体立体图和零件图，利用Solid3000完成零件造型，并绘制泵体零件图。

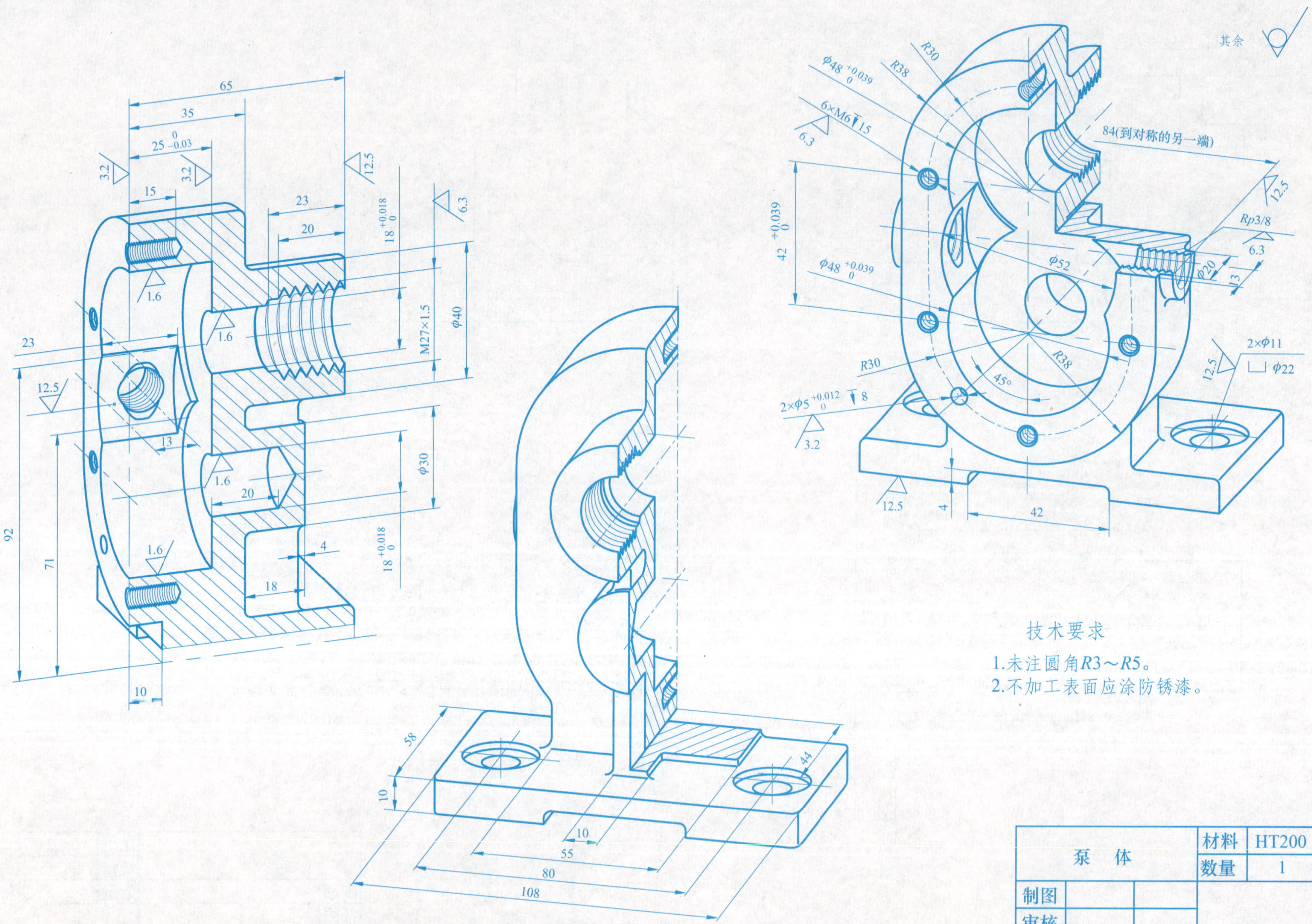

其余

技术要求

1.未注圆角$R3\sim R5$。

2.不加工表面应涂防锈漆。

泵　体		材料	HT200	比例	
		数量	1	图号	01
制图					
审核					

专业班级		姓名及学号		审阅		成绩	

8-6 Solid3000 零件造型综合练习(二)

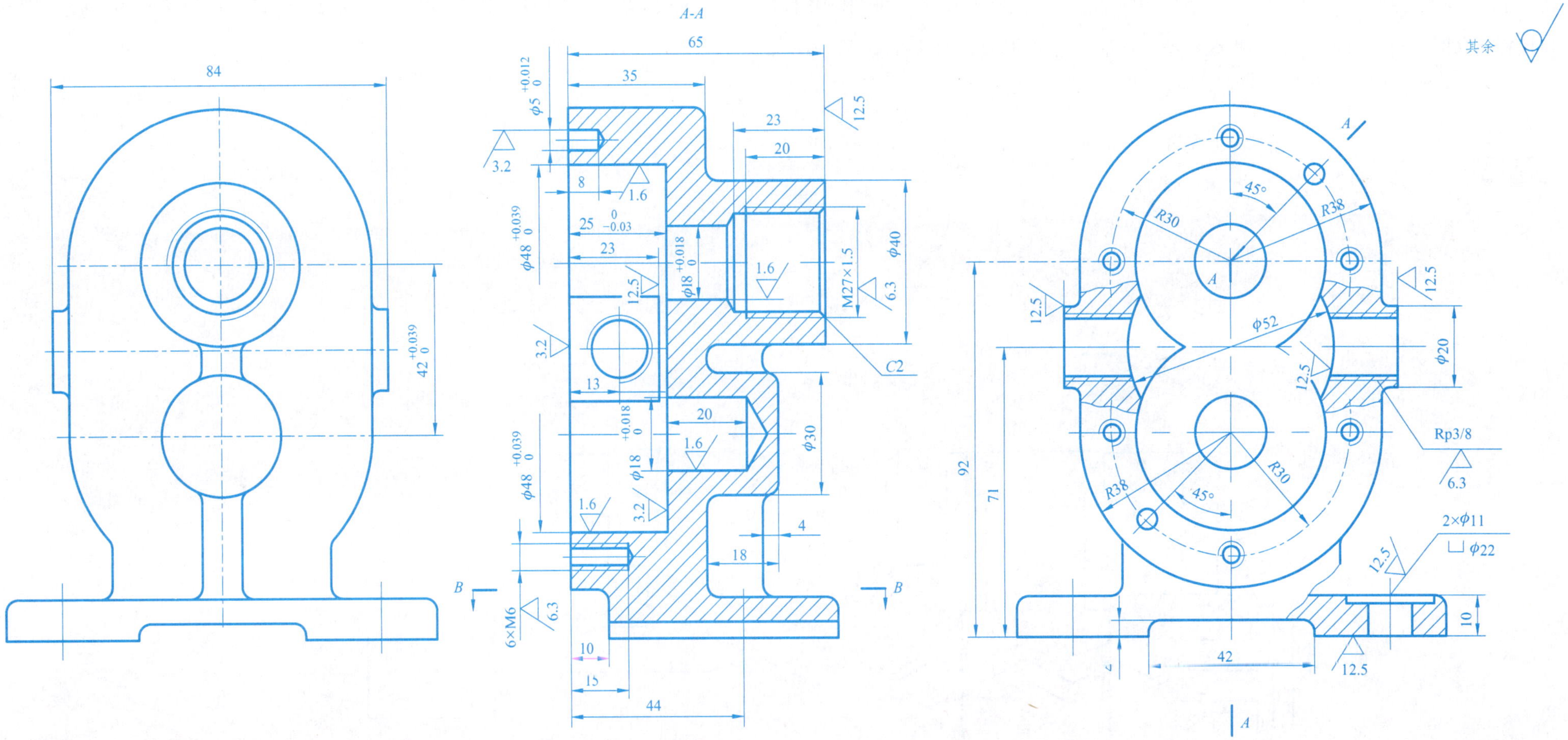

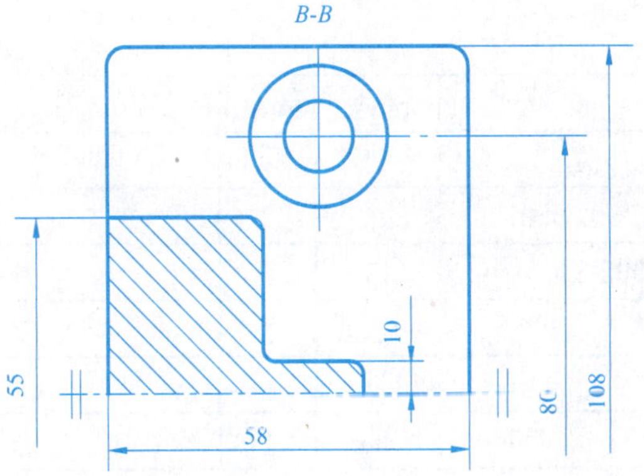

其余

A-A

B-B

技术要求

1.未注明铸造圆角R3。

2.不加工面应涂防锈漆。

泵　体		材料	HT200	比例	0.8:1
		数量	1	图号	01
制图					
审核					

专业班级		姓名及学号		审阅		成绩	

第九章 装 配 图

9-1 根据虎钳的示意图和零件图，拼画装配图(一)

工作原理：虎钳安装在工作台上，用来夹紧被加工的零件。

装在钳座8内的螺杆11右端有轴肩，左端用销固定，只能绕轴线转动，不能作轴向移动。活动钳块和方块螺母5用螺钉6联接，方块螺母以其下方凸台与钳座接触，限制方块螺母转动。当螺杆转动时，通过Tr18×4梯形螺纹传动，使活动钳块4移动，将零件夹紧、放松。

虎钳装配示意图

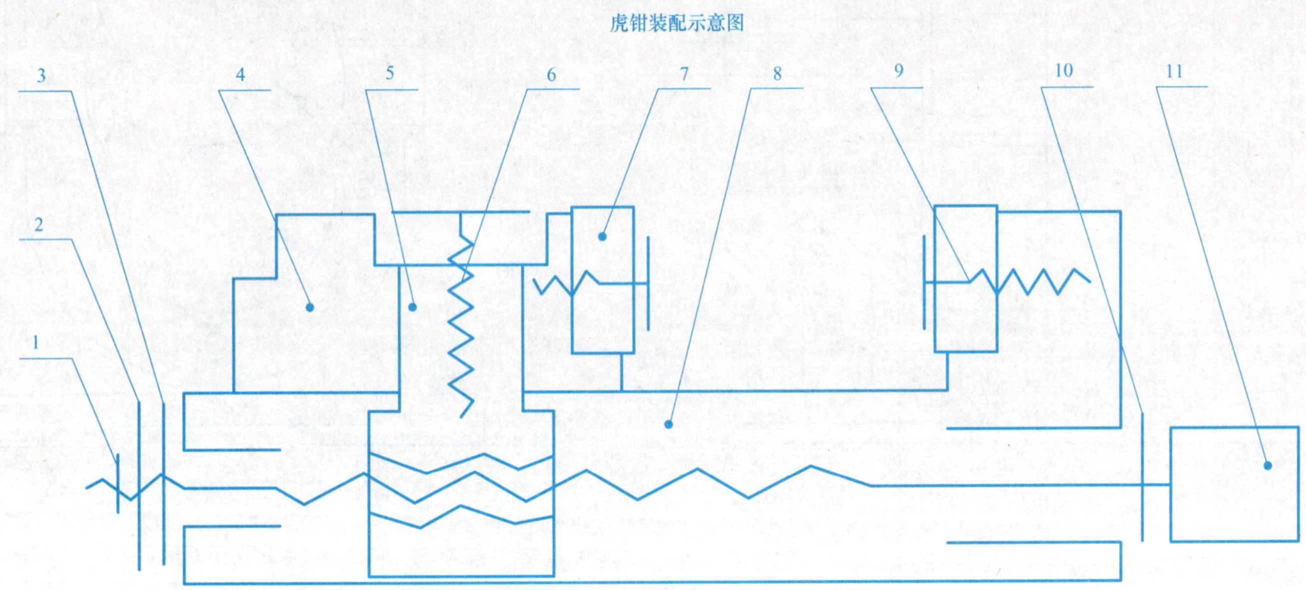

序号	名　称	材料	数量	备　注
1	销GB/T 91—2000 3×16	35	1	
2	螺母GB/T 6170—2000 M10	45	1	
3	垫圈GB/T 97.1—2002 3×16	45	1	
4	活动钳块	HT200	1	
5	方块螺母	Q275	1	
6	螺　钉	Q235	1	
7	护口板	45	2	
8	钳　座	HT200	1	
9	螺钉GB/T 68—2000 M10×20	45	4	
10	垫　圈	Q275	1	
11	螺　杆	45	1	

专业班级		姓名及学号		审阅		成绩	

9-2 根据虎钳的示意图和零件图，拼画装配图(二)

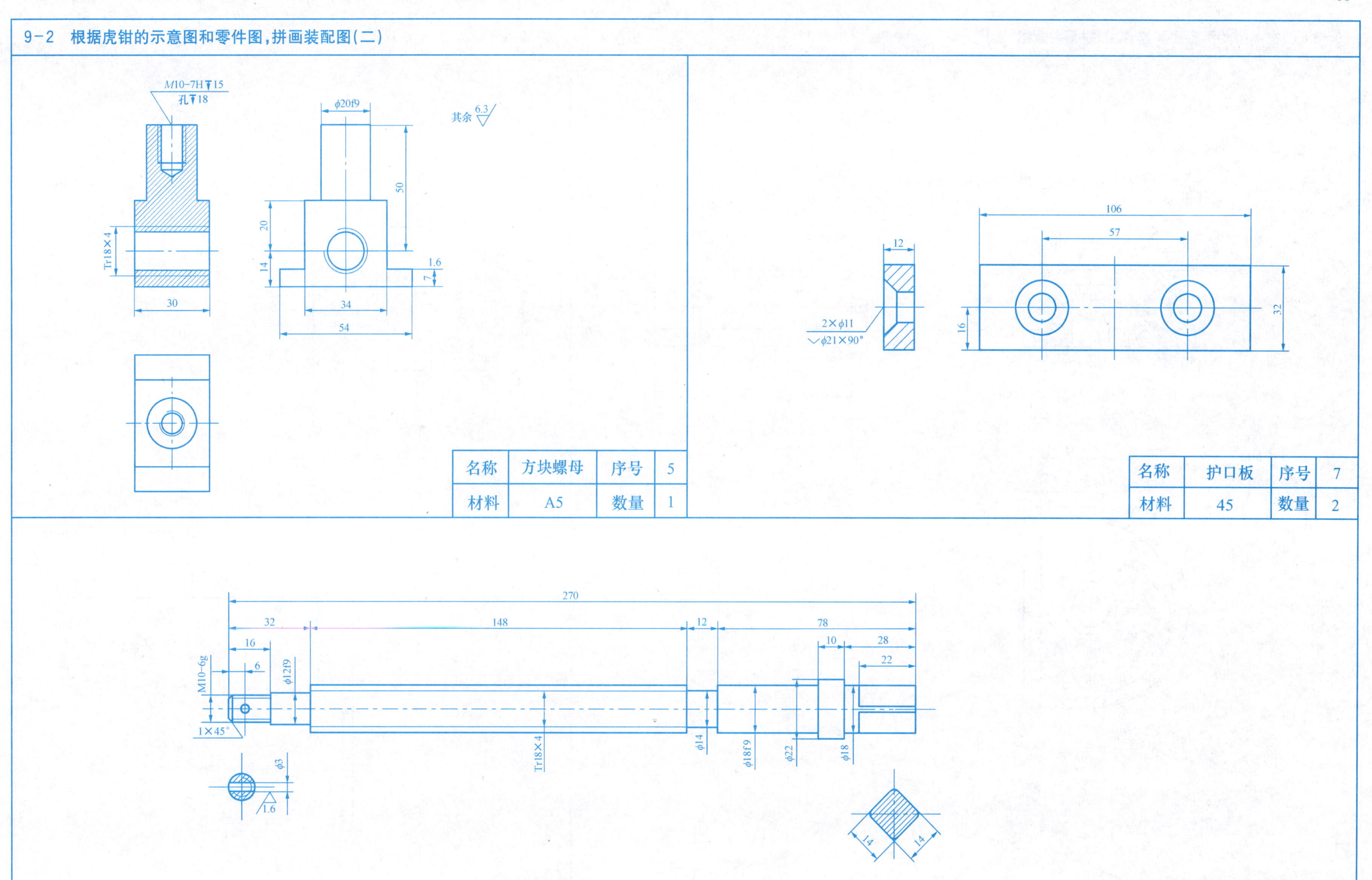

名称	方块螺母	序号	5
材料	A5	数量	1

名称	护口板	序号	7
材料	45	数量	2

名称	螺 杆	序号	11
材料	45	数量	1

专业班级		姓名及学号		审阅		成绩	

9-3 根据虎钳的示意图和零件图，拼画装配图(三)

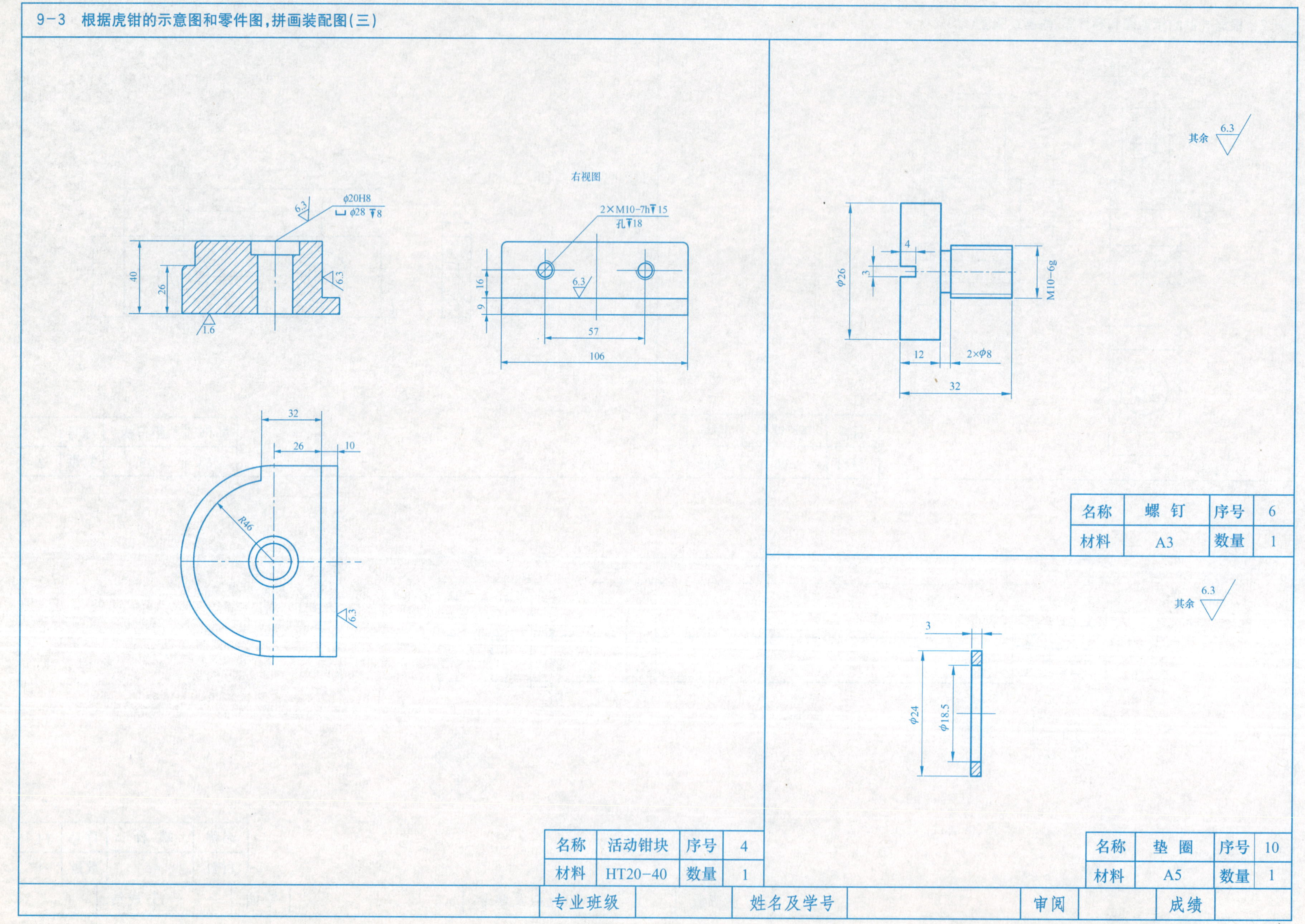

名称	活动钳块	序号	4
材料	HT20-40	数量	1

名称	螺 钉	序号	6
材料	A3	数量	1

名称	垫 圈	序号	10
材料	A5	数量	1

专业班级		姓名及学号		审阅		成绩	

9-4 根据虎钳的示意图和零件图，拼画装配图（四）

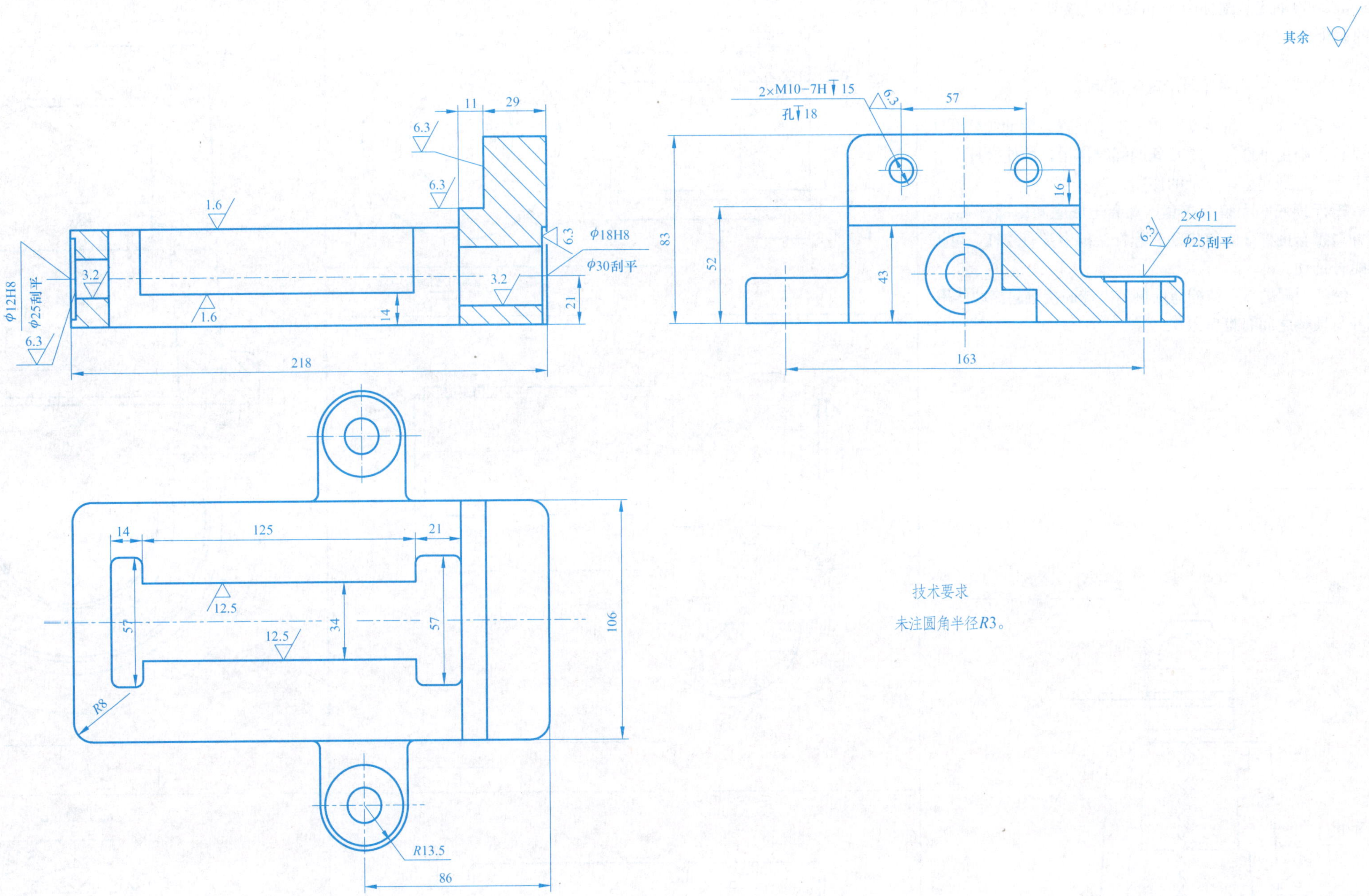

其余

技术要求

未注圆角半径$R3$。

名称	钳座	序号	8
材料	HT20-40	数量	1

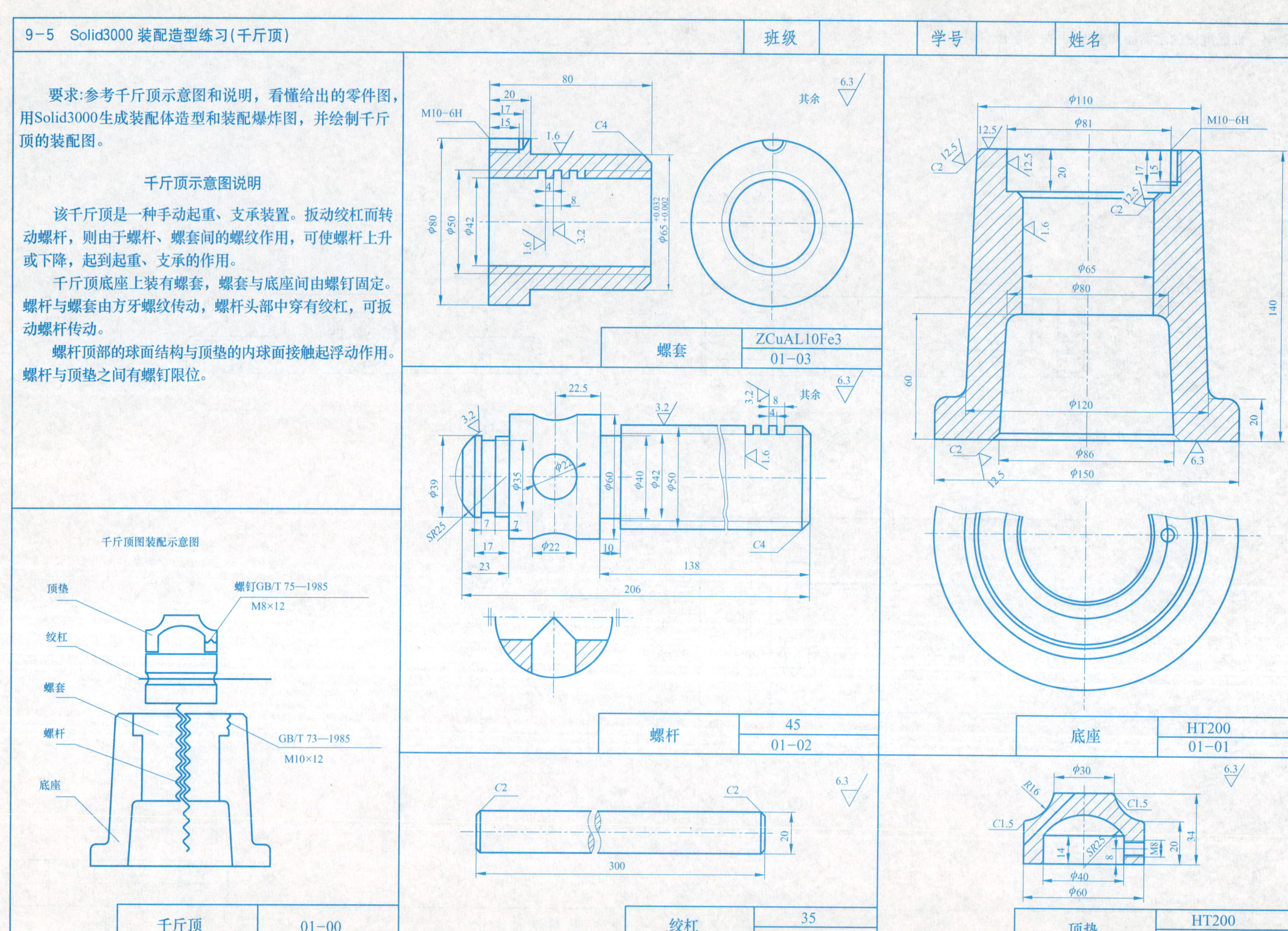

9-5 Solid3000 装配造型练习(千斤顶)　班级　学号　姓名

要求:参考千斤顶示意图和说明，看懂给出的零件图，用Solid3000生成装配体造型和装配爆炸图，并绘制千斤顶的装配图。

千斤顶示意图说明

该千斤顶是一种手动起重、支承装置。扳动绞杠而转动螺杆，则由于螺杆、螺套间的螺纹作用，可使螺杆上升或下降，起到起重、支承的作用。

千斤顶底座上装有螺套，螺套与底座间由螺钉固定。螺杆与螺套由方牙螺纹传动，螺杆头部中穿有绞杠，可扳动螺杆传动。

螺杆顶部的球面结构与顶垫的内球面接触起浮动作用。螺杆与顶垫之间有螺钉限位。

9-6 读泄气阀装配图

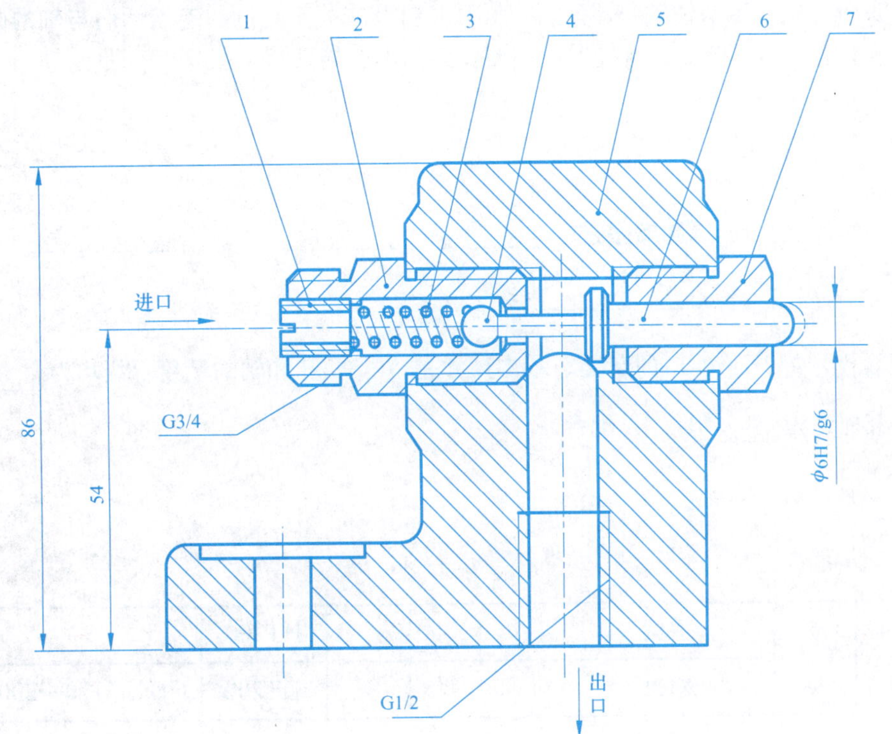

工作原理：推动阀杆6，顶起钢球4打开或关闭阀口，从而达到泄气。

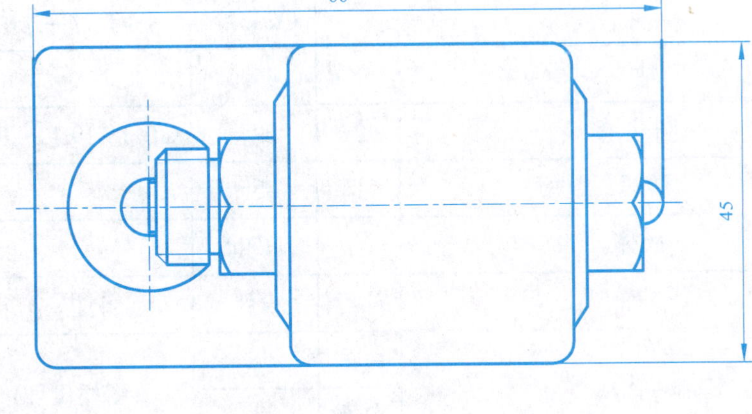

7	阀杆套	1	35	
6	阀杆	1	35	
5	阀座	1	HT200	
4	钢球	1	45	
3	弹簧	1	55Si2Mn	
2	阀套	1	Q235	
1	调整螺套	1	Q235	
制图	名称	数量	材料	备 注
泄气阀		比例		
		数量		
制图		重量		第 张 共 张
校对				
审核				

看懂泄气阀的装配图后，完成以下要求：

1. 用适当的表达方法拆画阀杆套的零件图。
2. 要求在零件图上标注有配合要求的尺寸公差，并注出$\phi 6$内表面的粗糙度，该表面的R_a上限值为6.3μm。

专业班级		姓名及学号		审阅		成绩	

9-7 读阀门的装配图并拆画出阀体的零件图

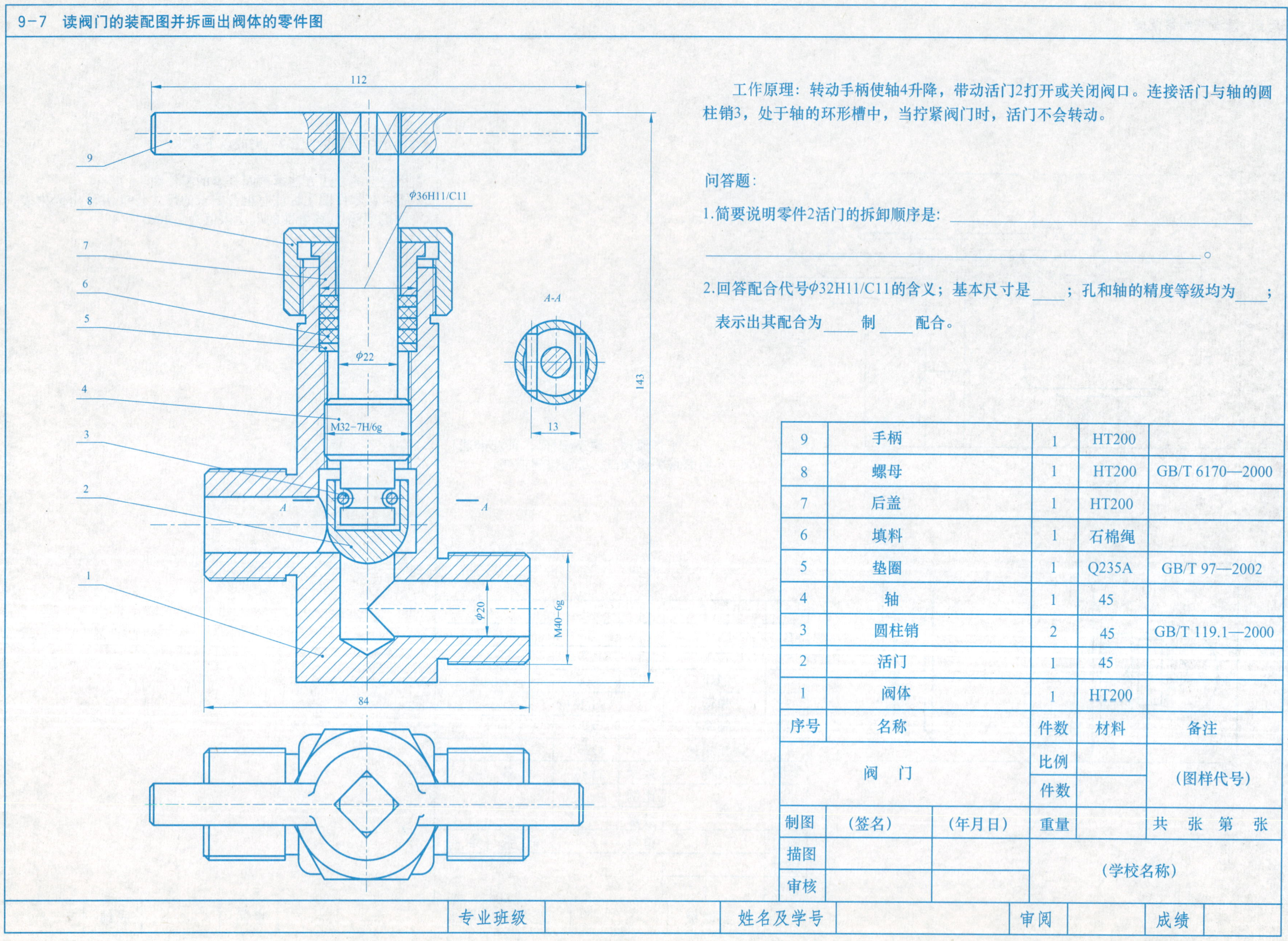

工作原理：转动手柄使轴4升降，带动活门2打开或关闭阀口。连接活门与轴的圆柱销3，处于轴的环形槽中，当拧紧阀门时，活门不会转动。

问答题：

1.简要说明零件2活门的拆卸顺序是：____。

2.回答配合代号φ32H11/C11的含义；基本尺寸是____；孔和轴的精度等级均为____；表示出其配合为____制____配合。

序号	名称	件数	材料	备注
9	手柄	1	HT200	
8	螺母	1	HT200	GB/T 6170—2000
7	后盖	1	HT200	
6	填料	1	石棉绳	
5	垫圈	1	Q235A	GB/T 97—2002
4	轴	1	45	
3	圆柱销	2	45	GB/T 119.1—2000
2	活门	1	45	
1	阀体	1	HT200	

阀 门		比例		(图样代号)
		件数		
制图	(签名)	(年月日)	重量	共 张 第 张
描图			(学校名称)	
审核				

专业班级		姓名及学号		审阅		成绩	

9-8 读汽缸的装配图并回答问题

1. 工作原理：气缸是利用压缩空气作为动力，推动机件运动的部件。

当压缩空气由后盖11上的Rc1/4孔进入，推动活塞8和活塞杆1向左移动（活塞杆的左端连接工作机构），即为工作行程，这时，气缸左腔中的空气从前盖3上的Rc1/4孔中排出，工作完成后，气动系统中的换向元件使压缩空气从前盖的Rc1/4孔中进入，活塞和活塞杆便向右移动到图示位置，即为回程，这时，气缸右腔中的空气通过后盖中的Rc1/4孔排出，然后系统中的换向元件又使活塞和活塞杆实现工作行程，如此往复循环。

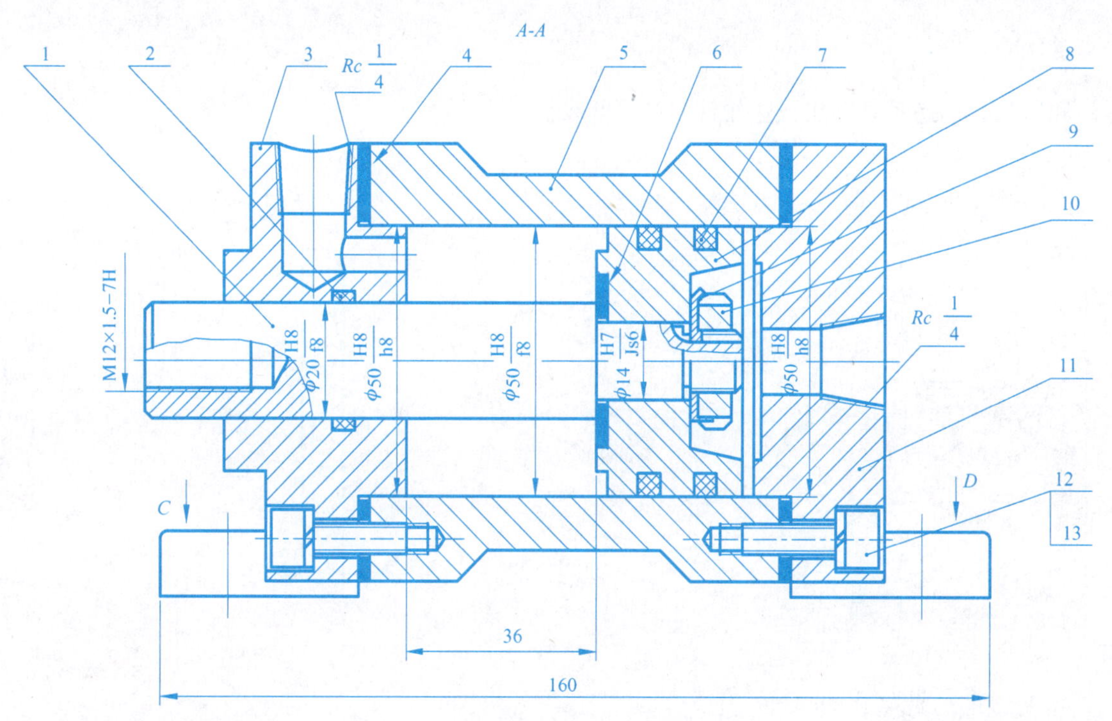

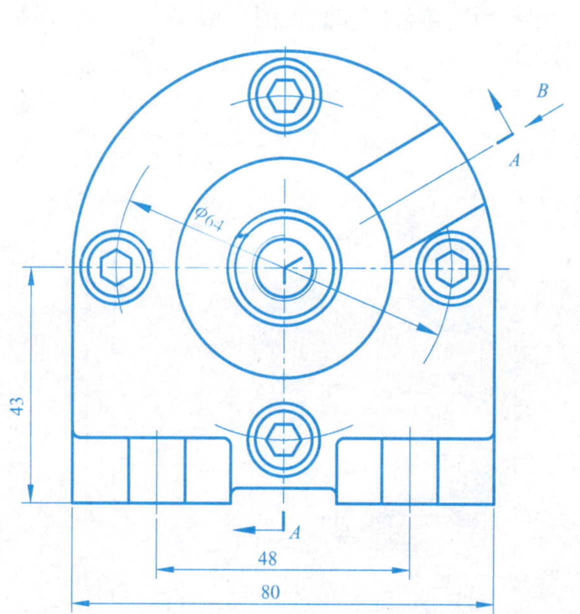

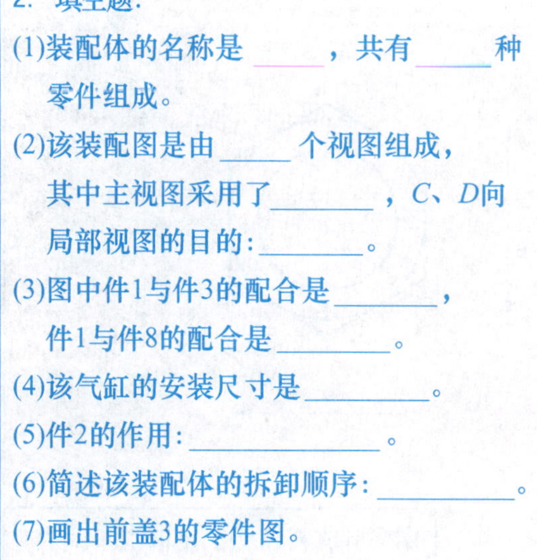

2. 填空题：

(1)装配体的名称是______，共有______种零件组成。

(2)该装配图是由______个视图组成，其中主视图采用了________，C、D向局部视图的目的：________。

(3)图中件1与件3的配合是________，件1与件8的配合是________。

(4)该气缸的安装尺寸是________。

(5)件2的作用：____________。

(6)简述该装配体的拆卸顺序：__________。

(7)画出前盖3的零件图。

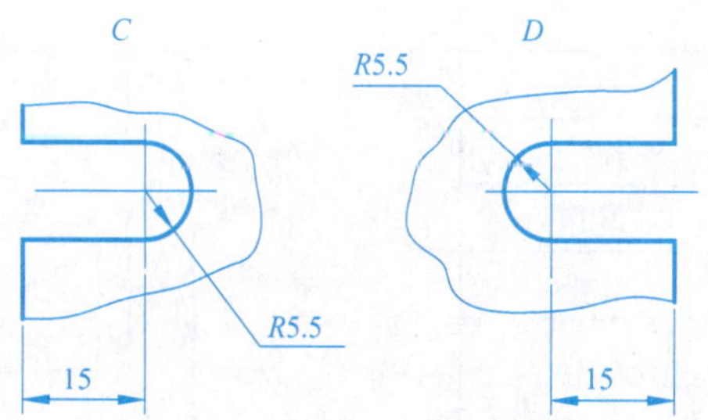

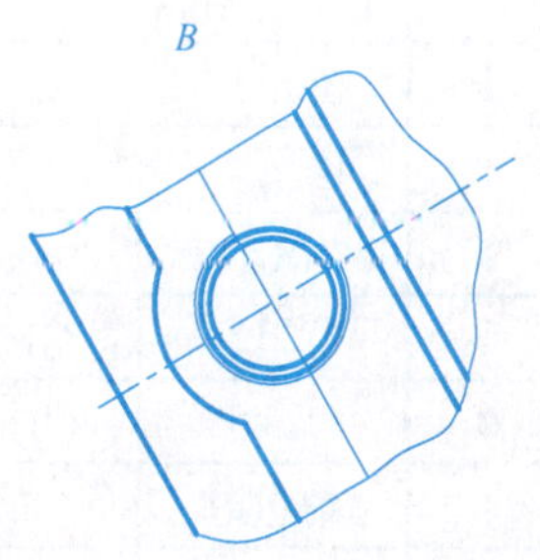

8	活塞	1	ZA1Si12	
7	密封圈	2	橡胶	
6	垫片	1	橡胶石棉板	
5	缸筒	1	HT200	
4	垫片	2	橡胶石棉板	
3	前盖	1	HT150	
2	密封圈	1	橡胶	
1	活塞杆	1	45	
序号	名称	数量	材料	备注

13	垫圈6	8		GB/T 93—1987
12	螺钉M6×20	8		GB/T 70—1985
11	后盖	1	HT150	
10	螺母M12×1.25	1		GB/T 812—1988
9	垫圈12	1		GB/T 858—1988

气 缸		比例	
		件数	
制图		重量	
描图			
审核			

专业班级		姓名及学号		审阅		成绩	

9-9 Solid3000 装配体造型综合练习(一)

根据所给零件图和装配图，用Solid3000软件进行零件和装配体的造型，并生成齿轮油泵的爆炸视图和装配图

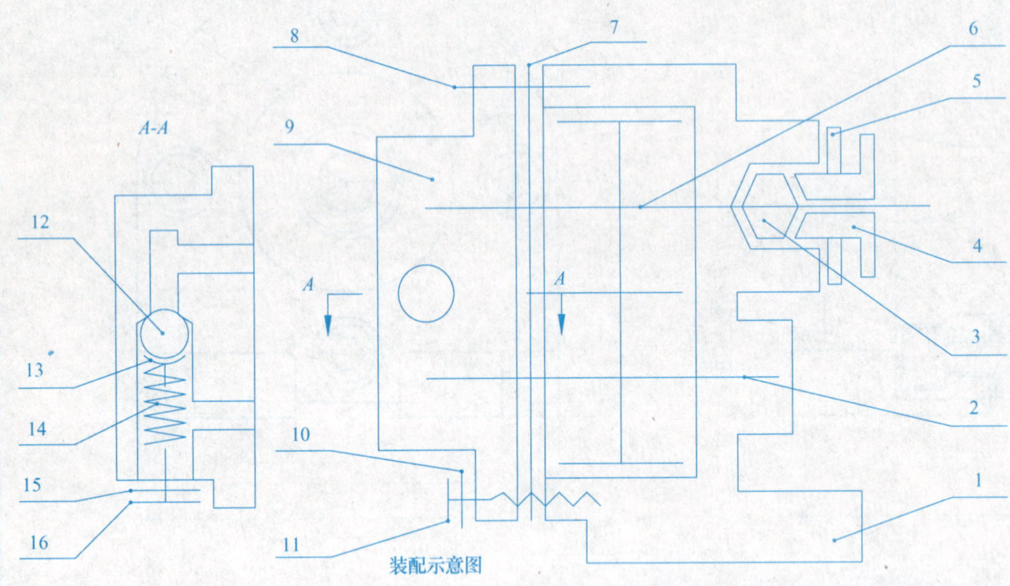

装配示意图

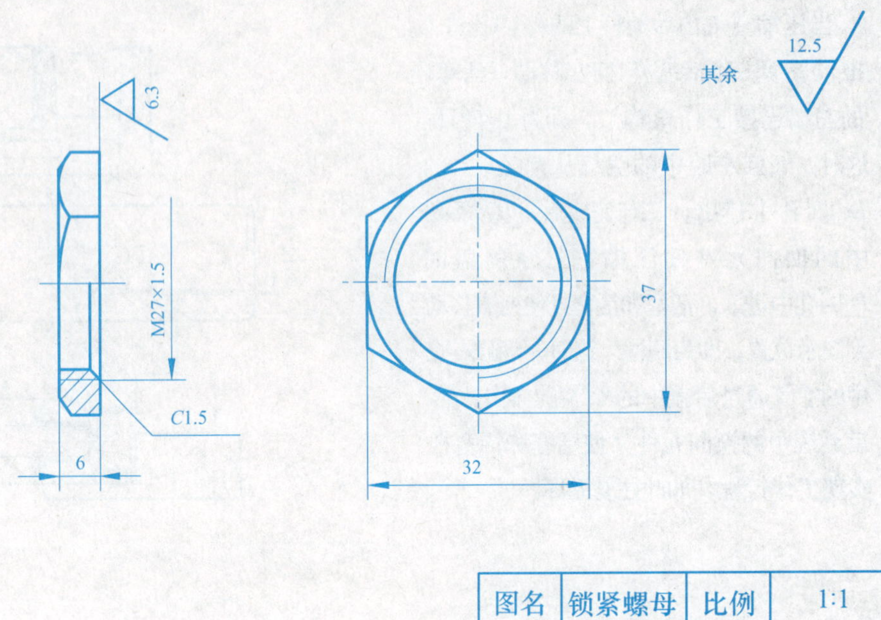

图名	锁紧螺母	比例	1:1
材料	Q235	数量	1

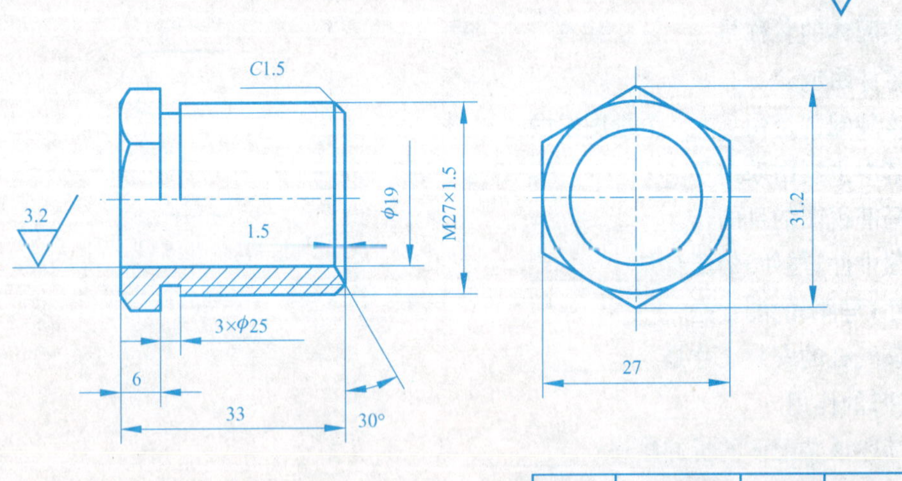

图名	填料压盖	比例	1:1
材料	Q235	数量	1

序号	零件名称	数量	材料	备注
16	螺塞	1	Q235	
15	小垫片	1	工业用纸	
14	弹簧	1	65Mn	
13	钢珠定位圈	1	10	
12	钢珠	1	40Cr	1/2"
11	螺栓M6×20	6	Q235	GB/T 5782—2000
10	垫圈6	6	Q215	GB/T 97.1—2002
9	泵盖	1	HT200	
8	圆柱销A5×16	2	35	GB/T 117
7	垫片	1	工业用纸	
6	主动轴齿轮	1	45	m=3 z=14
5	锁紧螺母	1	Q235	
4	填料压盖	1	Q235	
3	填料	1	石棉	
2	从动轴齿轮	1	45	m=3 z=14
1	泵体	1	HT200	

工作原理：主动齿轮轴6带动从动齿轮轴2旋转，使右边吸油腔形成部分真空，润滑油被吸入并充满齿槽，由于齿轮旋转，润滑油沿着壳壁被带到左边压油腔内，由于齿轮啮合使齿槽内润滑油被挤压，从而产生高压油输出。在泵盖上有限压阀装置，当油压超过规定值，高压油就克服弹簧14压力，将钢珠12阀门顶开，使润滑油自压油腔流回吸油腔，以保证整个润滑系统安全工作。

备注：泵体零件图参见第八章8-5、8-6。

	专业班级		姓名及学号		审阅		成绩	

9-10 Solid3000 装配体造型综合练习(二)

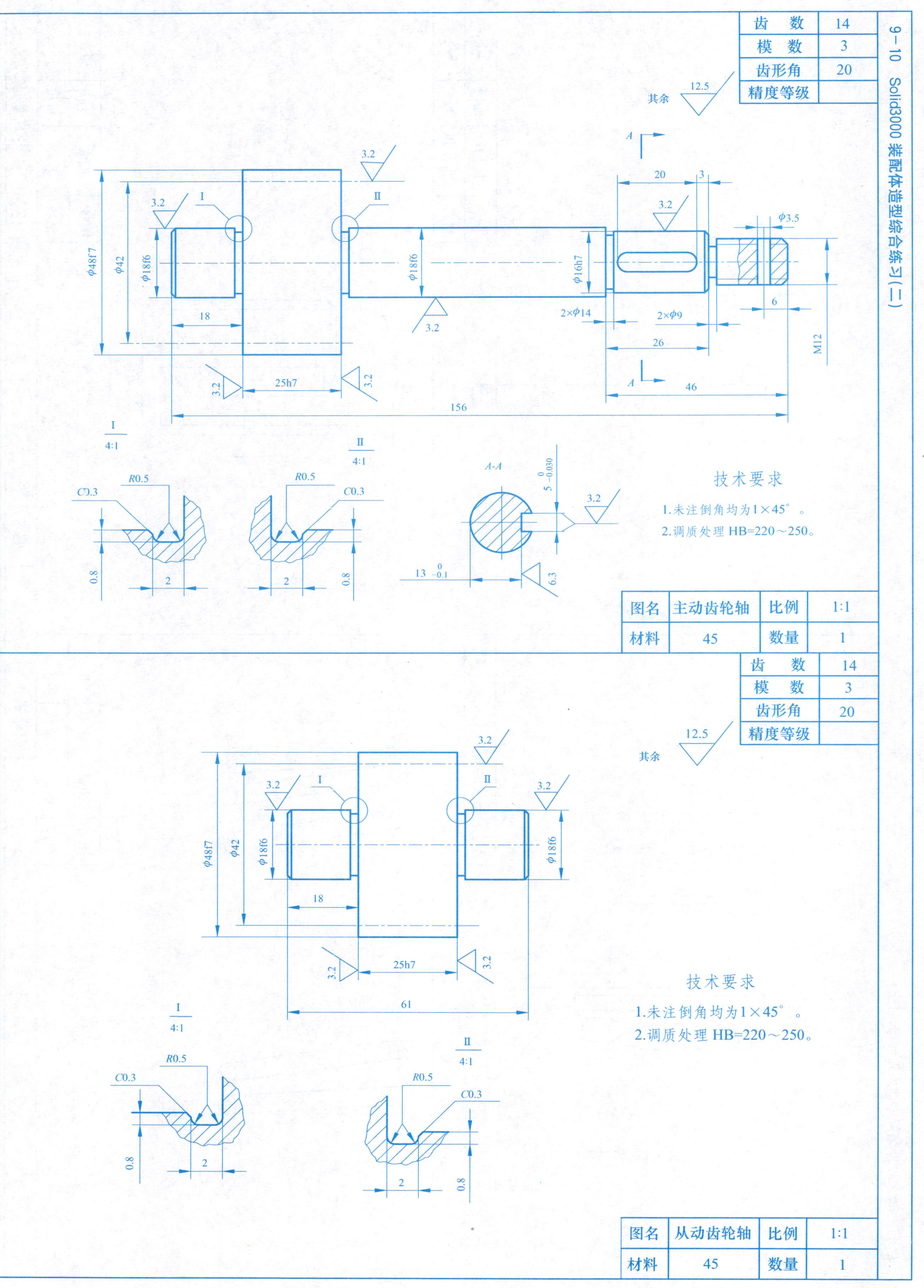

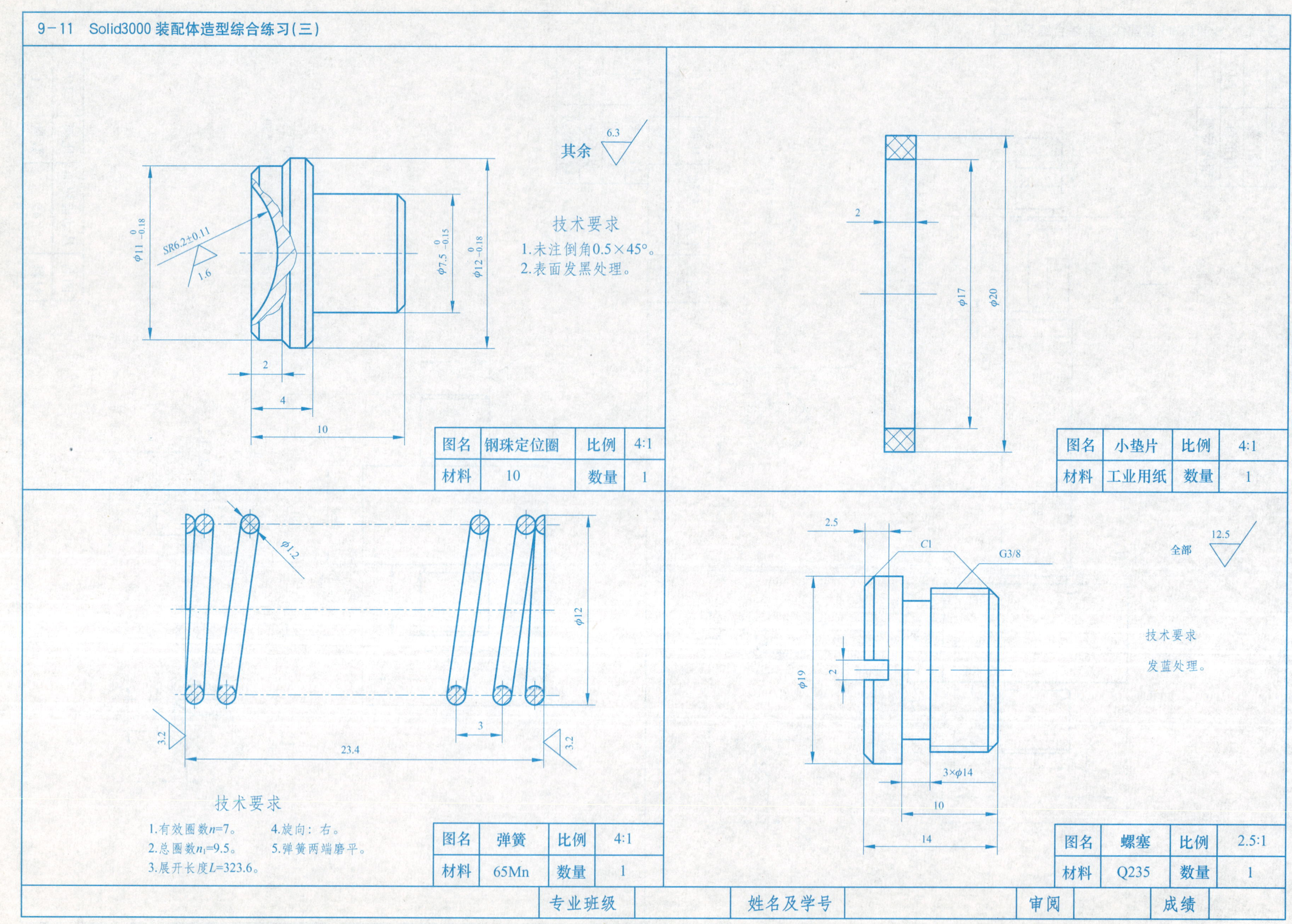
9-11 Solid3000 装配体造型综合练习(三)
其余 6.3
SR6.2±0.11
1.6
φ11 0 −0.18
φ7.5 0 −0.15
φ12 0 −0.18
2
4
10
技术要求
1.未注倒角0.5×45°。
2.表面发黑处理。
图名 钢珠定位圈 比例 4:1
材料 10 数量 1
2
φ17
φ20
图名 小垫片 比例 4:1
材料 工业用纸 数量 1
φ1.2
φ12
3.2
3
3.2
23.4
技术要求
1.有效圈数n=7。
2.总圈数n1=9.5。
3.展开长度L=323.6。
4.旋向：右。
5.弹簧两端磨平。
图名 弹簧 比例 4:1
材料 65Mn 数量 1
2.5
C1
G3/8
全部 12.5
φ19
2
技术要求
发蓝处理。
3×φ14
10
14
图名 螺塞 比例 2.5:1
材料 Q235 数量 1
专业班级
姓名及学号
审阅
成绩

9-12 Solid3000 装配体造型综合练习(四)

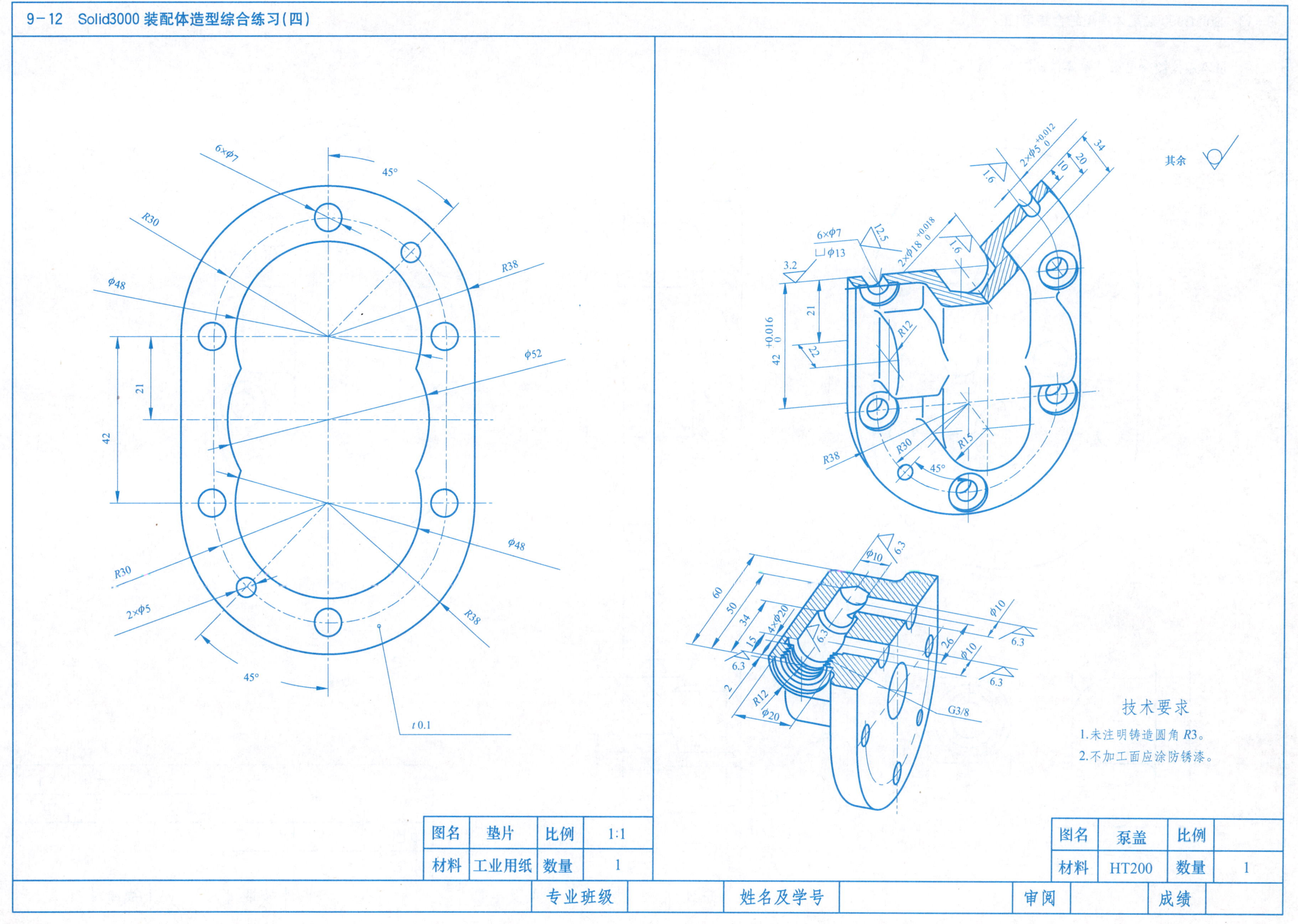

图名	垫片	比例	1:1
材料	工业用纸	数量	1

图名	泵盖	比例	
材料	HT200	数量	1

专业班级		姓名及学号		审阅		成绩	

9-13 Solid3000 装配体造型综合练习(五)

注：泵体零件图参见第八章零件图8-5、8-6。

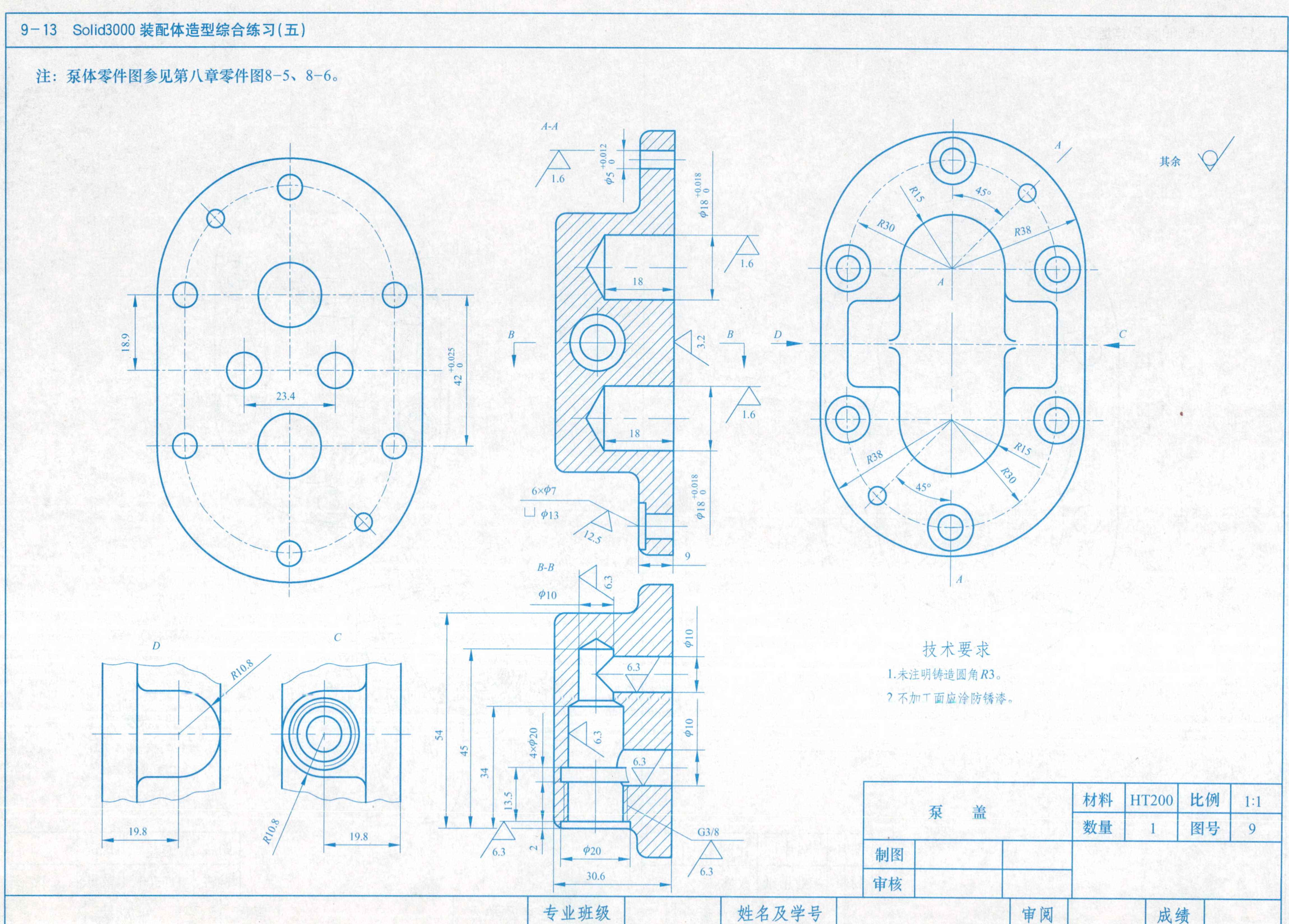

专业班级		姓名及学号		审阅		成绩	

9-14 Solid3000 装配体造型综合练习(六)

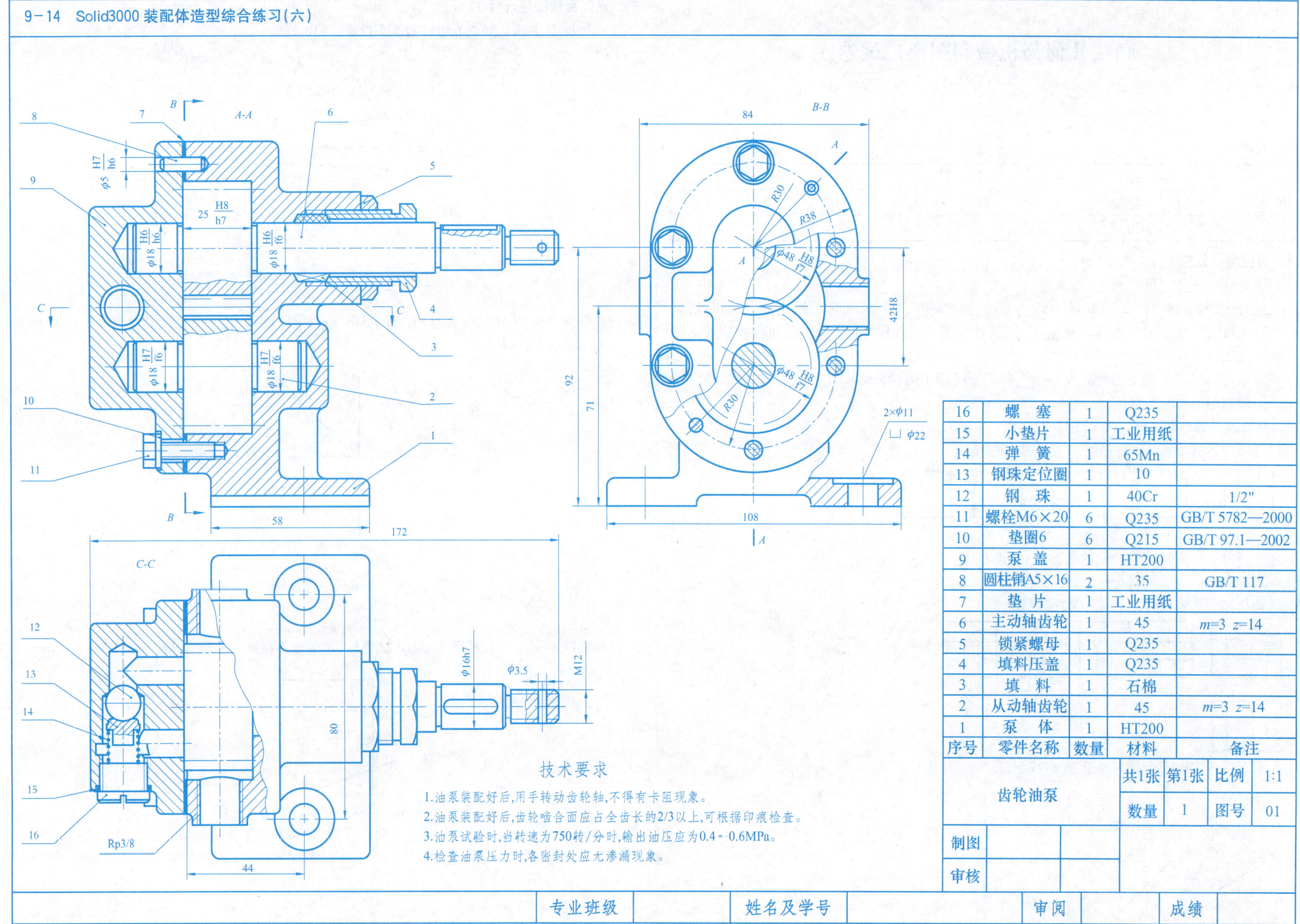

序号	零件名称	数量	材料	备注
16	螺　塞	1	Q235	
15	小垫片	1	工业用纸	
14	弹　簧	1	65Mn	
13	钢珠定位圈	1	10	
12	钢　珠	1	40Cr	1/2"
11	螺栓M6×20	6	Q235	GB/T 5782—2000
10	垫圈6	6	Q215	GB/T 97.1—2002
9	泵　盖	1	HT200	
8	圆柱销A5×16	2	35	GB/T 117
7	垫　片	1	工业用纸	
6	主动轴齿轮	1	45	m=3 z=14
5	锁紧螺母	1	Q235	
4	填料压盖	1	Q235	
3	填　料	1	石棉	
2	从动轴齿轮	1	45	m=3 z=14
1	泵　体	1	HT200	

齿轮油泵	共1张	第1张	比例	1:1
	数量	1	图号	01
制图				
审核				

技术要求

1.油泵装配好后,用手转动齿轮轴,不得有卡阻现象。
2.油泵装配好后,齿轮啮合面应占全齿长的2/3以上,可根据印痕检查。
3.油泵试验时,当转速为750转/分时,输出油压应为0.4～0.6MPa。
4.检查油泵压力时,各密封处应无渗漏现象。

专业班级		姓名及学号		审阅		成绩	

画法几何与机械制图模拟试卷

（第一学期）

考试方式：闭卷

总 分		题号	一	二	三	四	五	六
核分人		题分	10	12	37	16	10	15
复查人		得分						

一、填空题（每空 1 分，共 10 分）

1. 投影法分______和______两大类。
2. 在点的三面投影图中，aa_x 反映点 A 到______面的距离，$a'a_z$ 反映点 A 到______面的距离。
3. 绘制机械图样时采用的比例，为______机件要素的线性尺寸与______机件相应要素的线性之比。
4. 正垂面上的圆在 V 面上的投影为______，在 H 面上的投影形状为______。
5. 正等轴测图的伸缩系数是______，简化伸缩系数是______。

二、判断题（每小题 4 分，共 12 分）

1. 已知圆柱体被切割的主俯视图，正确的左视图是(　　)。

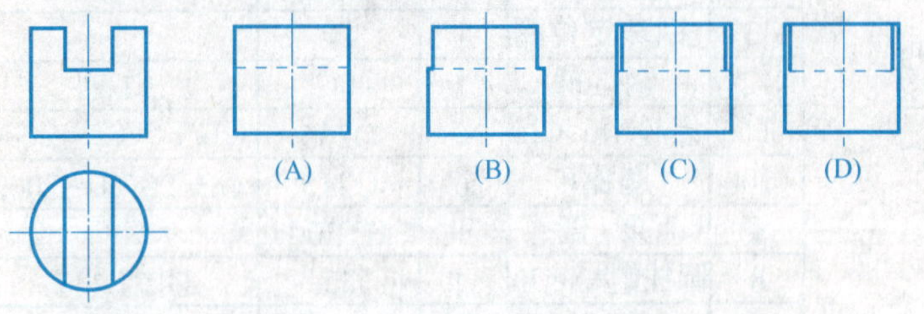

2. 已知物体的主俯视图，正确的左视图是(　　)。

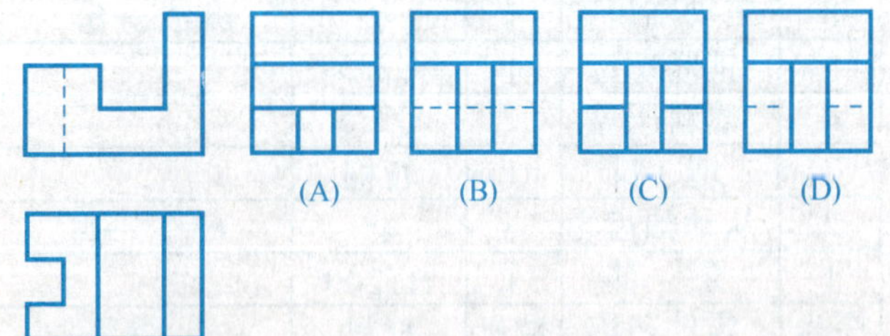

3. 判断下列各图中 k 点是否属于 ab 直线上。

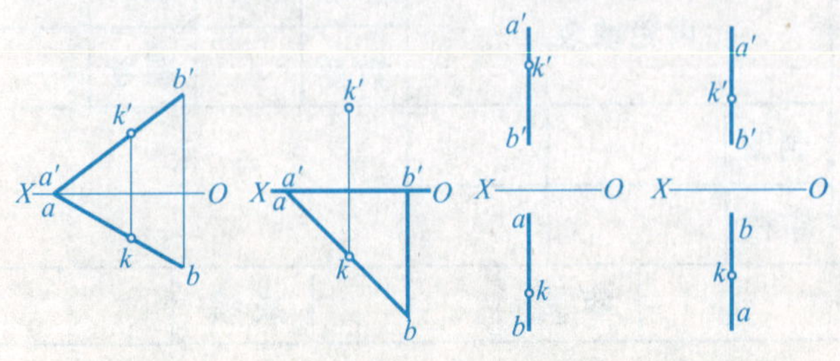

三、点线面作图题（共 37 分）

1. 已知 $abcde$ 共面，完成五边形的水平投影。(10 分)

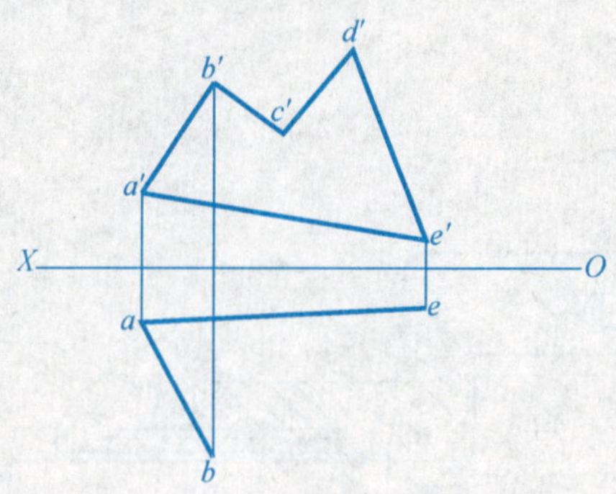

2. 已知等腰三角形 ABC 的底边 BC 属于 mn（mn // V 面），且三角形的高 $AD=BC$，试画出三角形的投影。(12 分)

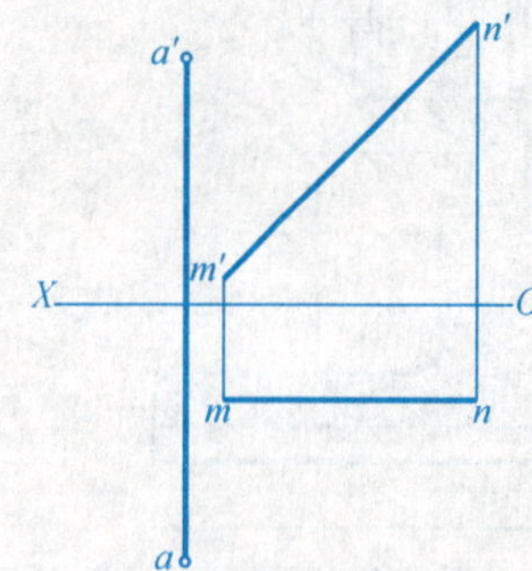

3. 已知直线 ab // cd，且相距 20mm，试完成 cd 的正面投影。本题有几解？(15 分)

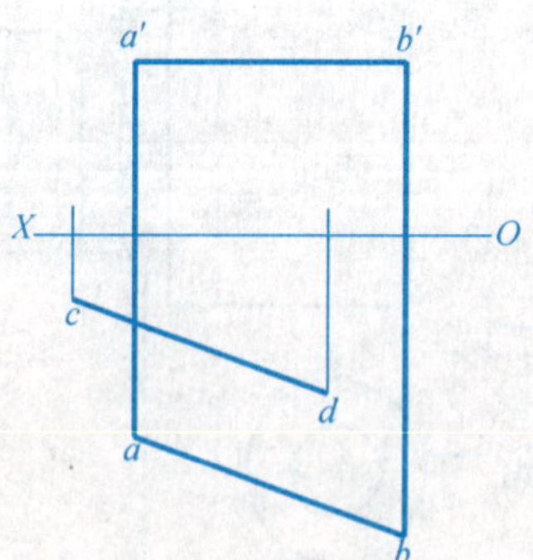

四、截交与相贯（共 16 分）

1. 已知立体的正面投影和侧面投影，求作水平投影。（8 分）

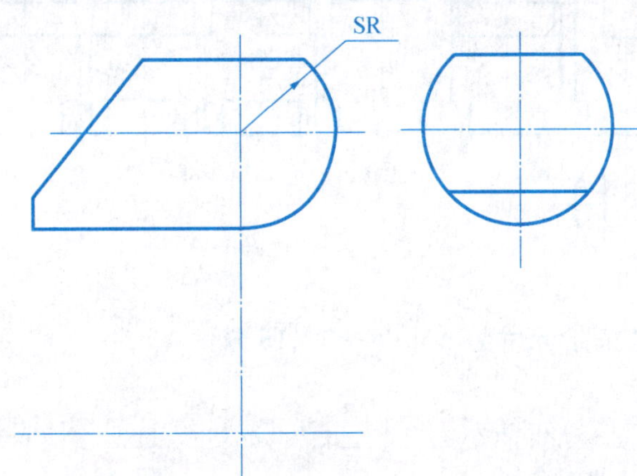

2. 已知立体的水平投影和侧面投影，求作正面投影。（8 分）

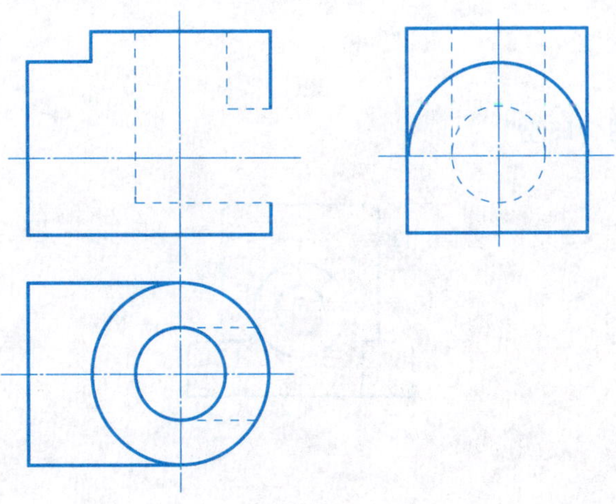

五、标注组合体尺寸，尺寸数字按 1∶1 从图中量取，取整数（10 分）

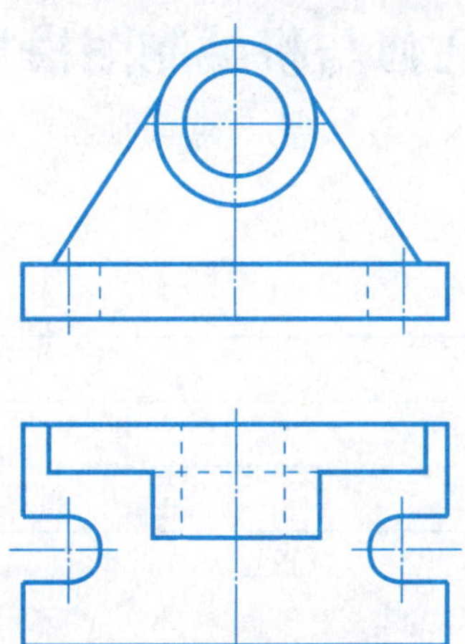

六、已知主俯视图，补画左视图（15 分）

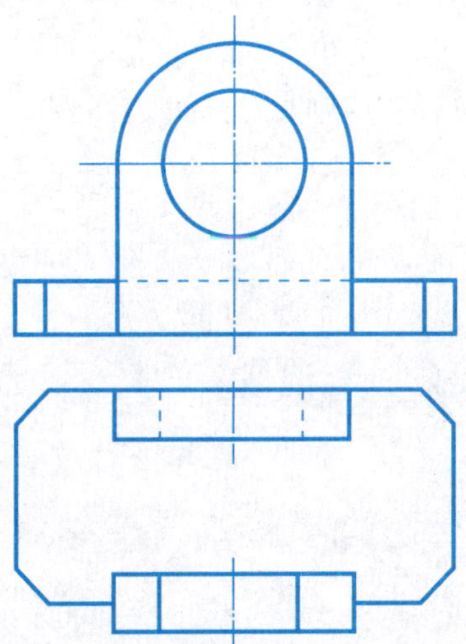

画法几何与机械制图模拟试卷

（第二学期）

考试方式：闭卷

总　分		题号	一	二	三	四	五	六
核分人		题分	15	15	15	15	10	30
复查人		得分						

一、基本知识题（15 分）

（一）填空题（每小题 1 分）

1. 绘制重合断面轮廓线的线型是________。
2. 某标准直齿圆柱齿轮模数为 5mm，齿数为 20，其分度圆直径为________。
3. 代号为 306 滚动轴承的内孔直径为________。

（二）单项选择题（每小题 2 分）

1. 在下列表面粗糙度符号中，要求最高的是(　　)。

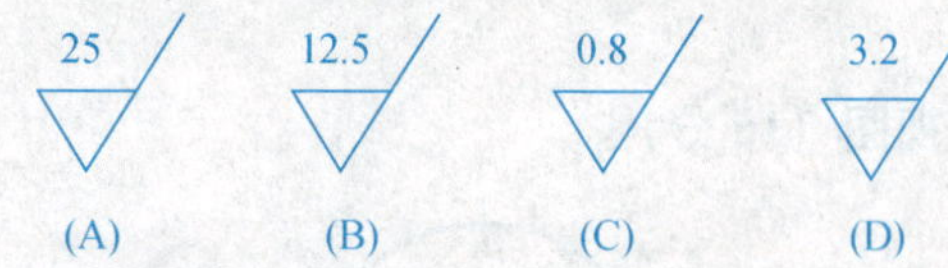

2. 箱体类零件主视图安放位置选择的原则是(　　)。
   （A）加工位置原则
   （B）工作位置原则
   （C）结构特征原则
   （D）合理利用图幅原则
3. 下列尺寸注法中正确的注法是(　　)。
   （A）2×M6−6H
   （B）2−ϕ6
   （C）2−M6−6H
   （D）2×R6

（三）双项选择题（每小题 3 分）

1. 在零件图上某尺寸为 $\phi 50^{+0.027}_{+0.002}$，测得下列 5 个零件该处的实际尺寸，其中合格零件是(　　)(　　)。
   （A）ϕ50.000
   （B）ϕ50.005
   （C）ϕ49.027
   （D）ϕ49.927
   （E）ϕ50.020
2. 已知主视图和俯视图，正确的左视图是(　　)(　　)。

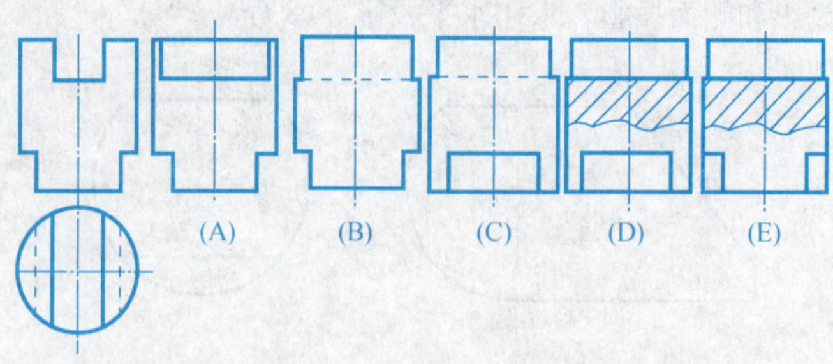

二、某仪器中，轴和孔的配合尺寸为 $\phi 30P8/h7$（15 分）

要求：

1. 说明 $\phi 30P8/h7$ 的含义：ϕ30 表示________，h 表示________，P 表示________，数字 8 和 7 分别表示________，此配合属于是________制________配合。
2. 当基本尺寸为 30mm 时，IT7 为 21μm，IT8 为 33μm，P8 基本偏差为−22μm，试在下面的零件图中注出基本尺寸和上、下偏差值。

三、作 $A-A$ 左剖视图（15 分）

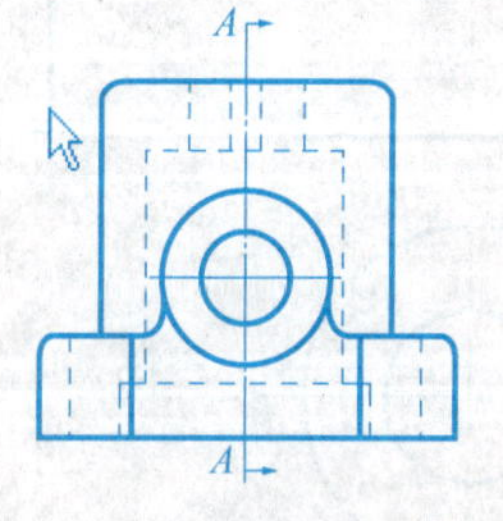

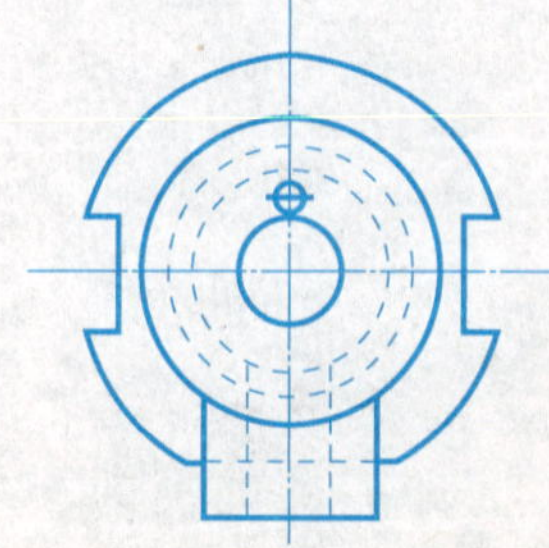

四、读图并补全图中所缺尺寸及表面粗糙度代号（15 分）

要求：

1. 补全图中所缺尺寸，尺寸数值按 1：1 从图上量取，取整数。
2. 标注指定的表面粗糙度代号，上下底面的 R_a 为 6.3，左右二孔的 R_a 为 12.5。

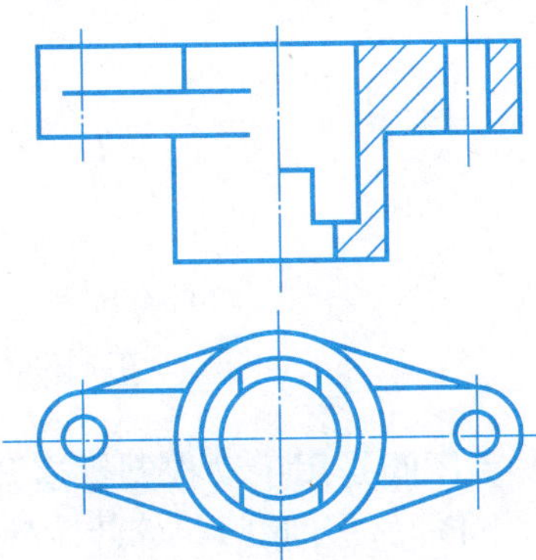

五、已知螺柱规定标记：螺柱 GB 897—1988 M20×60（见下图），螺纹长 38mm，旋入端长 20mm，螺纹小径＝0.85d，通孔直径＝1.1d，补画螺柱连接装配图中未完成的图形（主视图为全剖视图，俯视图不剖）（10 分）

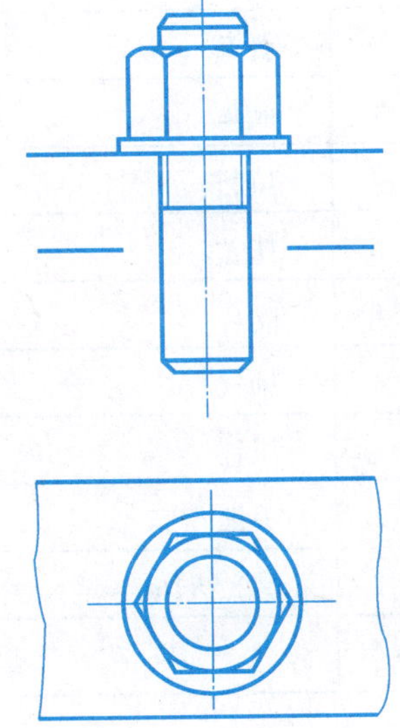

六、读懂手压阀的装配图（见附图）（30 分）

要求：

1. 手压阀的外形尺寸是________。
2. 1 号零件的名称是________，数量________，规定标记________，其主要作用是把________件与________等件连接在一起，从而起到________作用。
3. 用适当的表达方法，按图形的 1：1 拆画出阀体（8 号件）零件的零件图，不要求标注尺寸及技术要求。

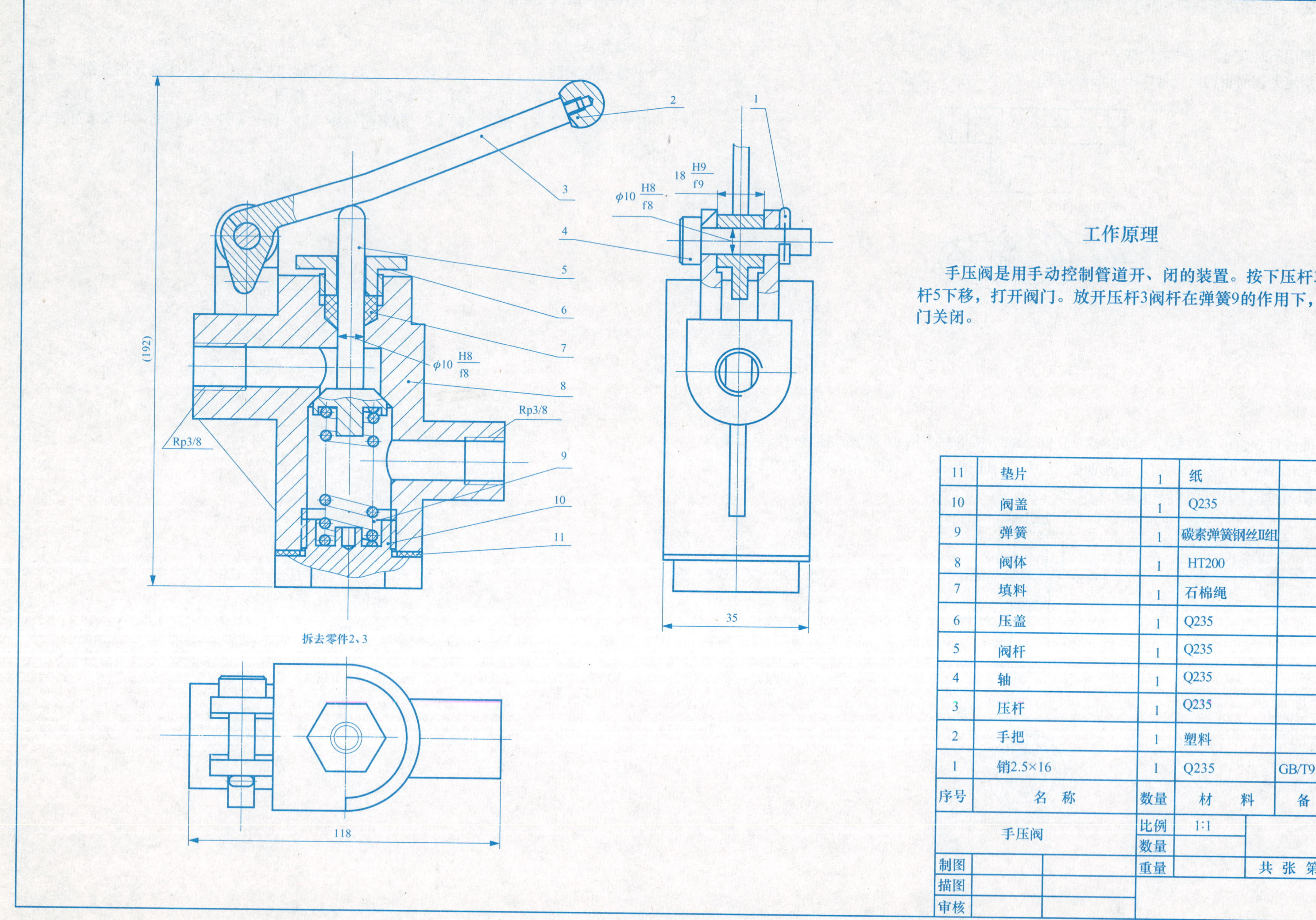

工作原理

手压阀是用手动控制管道开、闭的装置。按下压杆3使阀杆5下移，打开阀门。放开压杆3阀杆在弹簧9的作用下，将阀门关闭。

序号	名 称	数量	材 料	备 注
11	垫片	1	纸	
10	阀盖	1	Q235	
9	弹簧	1	碳素弹簧钢丝Ⅱ组	
8	阀体	1	HT200	
7	填料	1	石棉绳	
6	压盖	1	Q235	
5	阀杆	1	Q235	
4	轴	1	Q235	
3	压杆	1	Q235	
2	手把	1	塑料	
1	销2.5×16	1	Q235	GB/T91-1986

手压阀		比例	1:1	
		数量		
制图		重量		共 张 第 张
描图				
审核				

附图：手压阀装配图